걸어서
세계속으로
나홀로 유럽 여행

걸어서 세계속으로 나 홀로 유럽 여행

서유럽 북유럽 편

초판 1쇄 2017년 7월 10일
5쇄 2023년 2월 15일

지은이 KBS 〈걸어서 세계속으로〉 제작팀

발행인 주은선
펴낸곳 봄빛서원
주 소 서울시 강남구 강남대로 364, 12층 1210호
전 화 (02)556-6767
팩 스 (02)6455-6768
이메일 jes@bomvit.com
홈페이지 www.bomvit.com
페이스북 www.facebook.com/bomvitbooks
인스타그램 www.instagram.com/bomvitbooks
등 록 제2016-000192호

ISBN 979-11-958420-4-9 03980

이 도서의 국립중앙도서관 출판예정도서목록(CIP)은 서지정보유통지원시스템 홈페이지(http://seoji.nl.go.kr)와 국가자료공동목록시스템(http://www.nl.go.kr/kolisnet)에서 이용하실 수 있습니다.(CIP제어번호: CIP2017012725)

나 홀로 유럽 여행

서유럽 북유럽 편

KBS 〈걸어서 세계속으로〉 제작팀 지음

봄빛서원

강을 따라 가라,

그러면 바다에 이를 것이다.

—프랑스 속담

서문

작은 휴식처
〈걸어서 세계속으로〉

KBS 〈걸어서 세계속으로〉가 어느새 700회가 넘었습니다.

2005년 11월 5일 영국 맨체스터를 시작으로 〈걸어서 세계속으로〉(이제는 '걸세'라는 애칭으로 더 많이 불림) 제작진은 150여 개 나라, 1,400여 개 도시를 여행했습니다.

〈걸세〉가 처음 방송될 때만 해도 700회까지 시청자들의 식지 않는 사랑을 받으며 지속되리라고 생각한 사람은 많지 않았습니다. 시청자들의 눈높이는 점점 높아져만 가는데, PD 혼자 작은 카메라를 들고 촬영한 소박한 영상이 얼마나 눈길을 끌 수 있을지 장담하기 어려웠습니다.

하지만 회를 거듭할수록 〈걸세〉에 대한 관심은 점점 더 커져갔습니다. 700회를 맞이한 이유 중의 하나는 PD 자신이 여행자의 관점으로 여행을 했기 때문인 것 같습니다. 소소하지만 소중한 여행의 경험을 담백하게 기록해나가는 애초의 기획의도가 잘 전달된 결과라고 생각합니다.

『걸어서 세계속으로 나 홀로 유럽 여행』 역시 이러한 기획의도의 연장으로 출간했습니다. 〈걸세〉 PD들이 세계를 다니며 방송에 다 담지 못한

경험과 정보를 여행을 사랑하는 독자들에게 전하고 싶었기 때문입니다.

150여 개국 여행지 중 서유럽·북유럽 편을 출간하게 되었습니다. 책에 소개된 곳을 이미 다녀온 분은 즐거운 추억을 회상하는 시간이 될 것입니다. 여행 계획을 세우고 있는 분은 떠나기 전 설렘을 느끼길 바랍니다. 당장 떠나지 못하는 분이라도 책을 통해 유럽 곳곳을 여행하는 기분을 만끽했으면 좋겠습니다.

이 책은 빡빡한 가이드북 형식이 아니기 때문에 공부해야 한다는 부담을 전혀 가질 필요가 없습니다. 언제 어디서든 편하게 읽으면서 함께 소통할 수 있는 책입니다.

오늘도 바쁜 일상, 분주한 삶의 현장에서 『걸어서 세계속으로 나 홀로 유럽 여행』이 작은 휴식처가 되기를 바랍니다.

KBS 〈걸어서 세계속으로〉 제작팀 일동

차례

품위 있는 인생
영국 / 아일랜드

북유럽 속으로

설렘의 땅, 너는 아름답다
에스토니아 / 핀란드 / 스웨덴

삶의 여유를 즐기다
노르웨이 / 아이슬란드 / 페로 제도

아일랜드
더블린
코크
내어스버러
요크
영국
런던
도버
캔터베리
프리슬란트
함부르크
암스테르담
네덜란드
독일
브뤼셀
몽스
벨기에
프랑스
마르티니
베른
스위스
제네바
체르마트
살레
르 퓌 앙블레
클레르몽 페랑
오베르뉴

서유럽 속으로

Western Europe

우아한 자연을 닮다

프랑스 / 스위스

서유럽의 숨겨진 보석: 프랑스 오베르뉴

만년설이 유혹하다: 스위스 알프스

알프스 몽블랑 익스프레스: 스위스 제네바

불쑥 솟아오른 화산의 봉우리가 있는가 하면, 높은 구름 아래 잔잔한 호수와 너른 평원이 펼쳐져 있는 곳. 이곳엔 미식의 나라답게 2천년 전통의 치즈가 생산되며 색색의 다양한 요리가 있다. '미슐랭 가이드'의 출발점이 되는 곳 프랑스의 오베르뉴로 떠나보자!

서유럽의 숨은 보석

프랑스 오베르뉴

_ 임혜선

신뢰가 살아 있는
미식의 천국

높은 산과 구릉, 평원지대가 끝없이 펼쳐진 오베르뉴 상공이다. 작은 비행기가 도착한 곳은 오베르뉴의 중심 도시 클레르몽 페랑이다. 공항에서 30분 거리인 샤말리에 생 마르 호텔에 도착했다. 정문 옆에는 제2차 세계대전 당시 레지스탕스 거점기지로 사용된 역사가 자랑스레 붙어 있다. 호텔이 문을 연 지 150여 년, 5대째 이어오는 가업으로 내부는 소박하고 정갈했다. 호텔 주인도 오랜 친구처럼 정겹고 친근했다.

시내의 광장으로 나갔다. 검은 화산석으로 지어진 커다란 클레르몽 페랑의 대성당이 우뚝 서 있다. 12세기에 시작된 고딕양식은 천국을 갈망하는 사람들의 정신을 담은 프랑스의 독특한 건축 양식이다. 1095년 바로 이 자리에서 교황 우르바누스 2세가 최초의

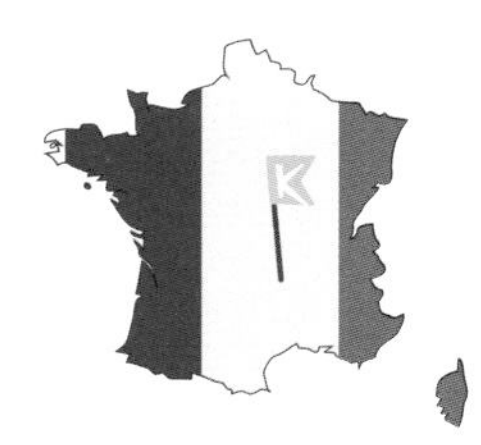

오베르뉴 Auvergne

화산, 광천수, 치즈가 유명한 프랑스 중간 산악지역
인구: 약 134만 명
면적: 260km²

클레르몽 페랑의 고딕 대성당과 교황 우르바누스 2세 동상

십자군 소집을 호소했다고 한다.

고딕 성당 안에 들어서면 누구라도 경건해진다. 특별히 이곳은 검은 화산석과 대비된 빛의 신비가 더 강렬하다. 가늘고 긴 기둥들이 하늘을 향해 솟아오르며 햇빛이 투과되는 스테인드글라스 유리창이 아름답다. 이 스테인드글라스들은 제2차 세계대전의 포격을 피한 13세기 진품으로 이곳 사람들의 자부심이기도 하다. 예수의 생애를 기록한 선명한 아름다움이 눈부시다.

한쪽에 축소된 성당의 모형이 마련되어 있다. 이곳을 찾는 시각장애인들을 위한 배려다. 볼 순 없지만 손끝에 전해질 고딕양식의 정교함과 아름다움이 전해지길 기도했다.

프랑스는 전 세계가 인정하는 미식의 천국이다. 식당이 문을 여는 시간도 엄격해서 저녁식사는 반드시 7시 이후에 시작된다.

'작은 기름덩이'라는 간판이 걸린 한 음식점에 들어섰다. 오베르뉴 전통 쇠고기요리가 주 메뉴인 곳이다. 내부의 장식은 의외로 깔끔하고 현대적이다. 식당 안은 어느덧 저녁식사 손님으로 가득 찼다. 주렁주렁 실에 매달린 쇠고기요리가 인기다. 내겐 뜻밖에 통뼈가 있는 스테이크 요리가 나왔다. 고소한 맛이 일품이어서 이 지역 사람들이 좋아하는 요리 중 하나라고 한다. 프랑스인의 주식인 바게트 빵 위에 뼈 안의 골을 조심스럽게 파내어 얹은 후 소금을 뿌려 먹는 것이다. 사골국은 익숙하지만 이런 건 처음이어서 좀 걱정이 되었다. 내 입맛에 이 요리는 역시 좀 느끼했다. 사람들의 활기찬 대화가 식당 안에 가득하다. 여행 첫날 오베르뉴 사람들과의 만남이 즐거웠다.

중세를 재현하는 르네상스 축제

오베르뉴 푸른 들판을 자동차로 2시간 반 넘게 달려 르 퓌 앙블레에 도착했다. 오가는 사람들의 복장이 예사롭지 않다. 지금 르 퓌 앙블레는 프랑스를 대표하는 르네상스 축제가 한창이다. 인구 2만 5천인 이 도시에 축제가 열리면 10만 명의 사람들로 붐빈다. 중세를 재현하는 대표적 축제로 유명하다. 해마다 열리는 이 대규모 축제는 시내 전역에서 펼쳐지며 축제의 대미를 장식하는 행사는 새의 왕 선발대회다. 활쏘기 왕을 뽑는 대회인데, 중세시대 전쟁 때 가장 중요한 무기였던 활을 쏘는 궁사들을 격려하기 위해 베풀어졌던 행사라고 한다.

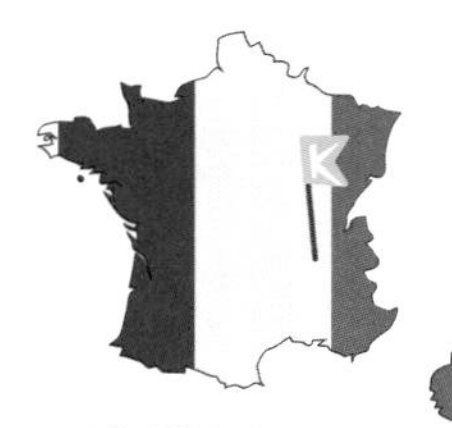

르 퓌 앙블레
Le Puy-en-Velay

오베르뉴 오트루아르 주에 있는 중세풍의 아름다운 전원도시
인구: 약 2만 5천 명
면적: 16.79km²

축제를 알리는 격렬한 리듬과 빠른 박자에 모두가 흥겨워한다. 안에서 재미난 구경거리가 있는지 나무 울타리에 아이들이 다닥다닥 붙어 있다. 울타리 안에서는 스릴 넘치는

마상 경기에 출전한 소녀들

마상 경기가 펼쳐지고 있었다. 소녀들이 등장해 말 위에서 묘기를 펼치는데, 프랑스를 구했던 잔 다르크의 후예답게 용감하기 이를 데 없다. 중세의 대장간을 재현해놓은 곳에는 적어도 3대 이상의 한 가족이 총출동한 듯 망치 소리가 요란하다. 달군 쇠를 망치로 두드리는 소년의 호기심과 진지함, 그리고 여유로운 할아버지의 표정에서 전통이 얼마나 자연스럽게 전해지는 알 것 같았다.

또 다른 가족들이 야영 텐트를 치고 저녁을 준비하고 있다. 축제기간 동안 이곳에서 숙식을 다 해결하는 것이다. 버섯과 시금치 등 중세 시절부터 먹어온 음식을 준비하고 귀여운 아이도 함께한다. 낯선 이방인에게 프랑스인의 유머를 맘껏 드러내는 아저씨들이 익살스럽다. 시민들과 매우 친근해 보이는 시장님 역시 한껏 축제를 즐기는 것 같다.

중세를 재현하는 대표적 축제로 유명하다. 해마다 열리는 이 대규모 축제는 시내 전역에서 펼쳐지며 축제의 대미를 장식하는 행사는 새의 왕 선발대회다. 활쏘기 왕을 뽑는 대회인데, 중세시대 전쟁 때 가장 중요한 무기였던 활을 쏘는 궁사들을 격려하기 위해 베풀어졌던 행사라고 한다.

평화로운 전원 도시 르 퓌 앙블레

사제와 귀족의 의상 제작으로 시작된 당텔

이제 도시 탐방에 나섰다. 르 퓌 앙블레가 한눈에 내려다보이는 언덕으로 갔다. 먼저 82m 뾰족한 용암 바위인 생미셸데귈 위에 서 있는 생미셸 성당으로 갔다. 가파른 계단을 올라가는 길이 제법 힘들었다. 생미셸 성당에서 내려다본 르퓌 앙블레는 평화로운 전원도시다. 중세풍의 잔잔한 아름다움 가운데 축제로 인한 활기가 느껴졌다.

10세기경 르 퓌의 대주교가 산티아고 데 콤포스텔라 순례를 마치고 돌아와서 건축한 생미셸 성당엔 무거운 돌들을 어깨에 져나른 많은 이들의 수고와 땀이 서려 있다. 이제 천년의 세월을 훌쩍 넘긴 이 돌들은 부서지기 쉬워 규칙적으로 닦아주고 보수해주어야 한단다. 뾰족한 바위 위에 세워진 곳인 만큼 내부는 좁고 어둡다. 그러나 10세기에 세워진 우아한 굴곡의 기둥과 선들, 빛바랜 마름모꼴 벽화들이 세월의 무게와 신비감을 더해준다. 홀리 시티聖都인 르 퓌를 찾는 사람들이 가장 먼저 방문하는 곳도 바로 이 성당이다. 방명록엔 여러 나라 사람들의 기원문이 적혀 있는데 반갑게도 우리말을 발견할 수 있었다.

두 번째 찾은 곳은 노트르담 드 프랑스 동상이 있는 코르네이유다. 아기 예수를 안고 있는 성모마리아 동상의 내부로 들어가보았다. 비좁은 공간 안에 사람들이 가득하다. 그래도 철 사다리를 타고 올라가보면 시내를 내려다볼 수 있는 즐거움이 있다. 이 동상의 제작과정을 알고보니 흥미로웠다. 1856년 크림전쟁에서 승리한 프랑스가 가져온 213개의 러시아 대포를 녹여서 만든 것이었다.

동상을 내려와 세계문화유산으로 지정된 노트르담 뒤 퓌 대성당으로 향했다. 아름다운 대성당은 미로처럼 나 있는 좁은 길 가운데 우뚝 솟아 있다. 순례자들의 상징인 조개가 곳곳에 눈에

용암 바위인 생미셸 데귈 위에
생미셸 성당

띈다. 이곳은 산티아고 데 콤포스텔라 순례길의 출발지다. 성당 안에는 오베르뉴를 대표하는 검은 성모마리아가 있다. 이 상은 프랑스 혁명 때 불타 그 뒤 다시 재현한 것이라고 한다.

피에타(성모 마리아가 죽은 그리스도를 안고 있는 모습을 표현한 그림이나 조각상) 상 앞에 검은 돌판이 있다. 예로부터 이 돌을 만지면 병이 낫는다는 강한 믿음이 있다고 한다. 나도 만져보았다. 병 낫기를 바라는 많은 이들의 간절함이 꼭 이루어졌으면 좋겠다.

르 퓌 앙블레의 점심식사는 어떨까? 우리나라에도 건강식으로 알려진 렌틸콩 샐러드를 주문했다. 그런데 르 퓌의 렌틸콩은 좀 특별했다. 일찍이 원산지 인증제를 도입한 프랑스는 각 지역별 특성을 존중한다. 르 퓌는 고원지대의 특성을 활용하여 렌틸콩 재배를 100여 년 넘게 시험, 발전시켜왔다. 프랑스 기후와 지질의 영향으로 껍질이 얇고 부드러워 콩맛이 달고 푸석거리지 않았다.

거리로 나섰다. 길가에는 르 퓌의 또 다른 특산품, 당텔dentelle이라 부르는 수제 레이스 가게가 즐비하다. 당텔은 이곳의 주요 산업 중 하나로 기계식으로 주르르 뽑아내는 레이스가 아니라 손바늘로 한 땀 한 땀 짠 레이스다. 순백의 당텔은 많은 사람들이 갖고 싶어하는 매력적인 수예품이다. 르 퓌엔 당텔 작품을 전시하고 배우는 곳이 여럿 있다. 사제들과 귀족들의 의상제작으로 시작된 이곳의 당텔은 15세기경부터 이미 명성을 얻었다. 일일이 손으로 작업하는 어려움과 속도에 밀려 사라져가는 우리네 전통과 달리 당텔은 이곳 사람들에게 온전히 전해지고 있다. 마법과 같은 당텔은 만드는 이에게도 큰 기쁨 같았다.

수제 레이스 당텔 작품들

도시 탐방을 마쳤으니 본격적인 축제를 즐길 차례다. 근엄한 표정의 군인들 뒤로 프랑수아 1세(1515-1547)의 행차가 이어진다. 그는 이탈리아 르네상스 문화와 예술을 프랑스 궁정에 도입해 정착시킨 왕이다. 화가 레오나르도 다빈치를 데려와 프랑스 궁정에 르네상스 문화를 정착시키고 꽃피웠다.

여러 부족의 복장을 한 사람들이 상징물을 앞세우고 시청 앞 광장으로 진입한다. 분장한 사회자가 열연하는 뒤로 잘 차려입은 귀족들이 등장한다. 프랑스 하면 떠오르는 우아함, 세련됨이 바로 프랑수아 1세 때 정착된 궁정 문화다. 어느덧 무장한 전사들이 도열해 있다. 커다란 포소리가 전쟁의 시작을 알린다. 하나 둘 쓰러지는 군인들, 중세의 백병전이 치열하게 펼쳐진다. 서양의 역사, 중세의 역사는 전쟁의 역사였음이 실감난다. 사람들은 축제의 밤을 즐긴다. 주연과 조연, 엑스트라, 관객이 따로 없는 모두의 축제다.

천재소년 파스칼과 미슐랭가이드북

축제에서 만났던 사람들과 모든 추억을 안고 르 퓌 앙블레를 떠나 클레르몽 페랑으로 돌아왔다. 클레르몽 페랑의 또 하나 자랑은 노트르담 뒤 포르 대성당이다. 세계문화유산으로 지정될 만큼 그 가치를 인정받는 곳이다. 12세기 오베르뉴 지역을 대표하는 로마네스크 양식으로 지어진 이곳은 조각 기둥으로 특히 유명하다. 성당 입구 한쪽엔 프랑스 혁명 때 잘려나간 조각상 흔적이 그대로 남아 있다. 내부 역시 돌로 꾸며져 있는데 격조 높은 양각의 성가대석이 눈길을 끈다. 로마네스크 양식은 창문이 작고 둥근 형태의 건축 양식이다. 기둥마다 조각된 성경의 장면 장면이 생생하다.

거리에 나서면 클레

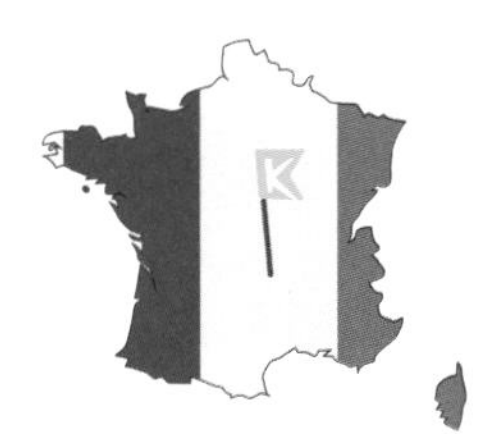

클레르몽 페랑
Clermont-Ferrand

오베르뉴의 중심지로 로마령이 되기 전부터 켈트 족이 거주하던 역사 깊은 도시
인구: 약 14만 명
면적: 42.67km²

베르생제토릭스 동상

르몽 페랑 정신을 상징하는 인물들이 길바닥 곳곳에 징처럼 박혀 있다. 카이사르의 로마군에 대항했던 갈리아의 족장 베르생제토릭스, 십자군 소집을 호소했던 교황 우르바누스 2세, 그리고 철학자이자 과학자인 파스칼이다. 베르생제토릭스는 결국 로마의 포로로 잡혀 처형을 당했지만 총궐기를 주도한 그의 지도력은 오늘날 프랑스 정신으로 칭송받고 있다.

클레르몽 페랑은 본래 클레르몽과 몽페랑이라는 두 도시가 합쳐진 것인데 오늘날은 상업도시로 발달했다. 인구 중 3분의 1이 35세 이하인 젊고 활기찬 대학도시다.

파스칼의 이름을 딴 블레즈 파스칼 대학에 가보았다. 파스칼은 수학자, 철학자, 신학자, 과학자로서 인류 문명의 여러 분야에 큰 영향을 미

르코크 정원

친 인물이다. 붉게 칠한 복도 벽면이 인상적인 대학 내부는 예술 스튜디오 같았다. 고대예술사 강의실에 들어가보았다. 교수님과 학생들의 표정이 참으로 진지했다.

프랑스 대학교는 캠퍼스가 따로 없다. 학교 앞 르코크 정원이 캠퍼스를 대신한다. 시민들과 학생들이 정원에서 토론과 휴식을 즐긴다. 시민의 정원이 제대로 된 휴식처와 캠퍼스 역할을 함께하고 있다.

프랑스의 식물학자 앙리 르 코크Henri Lecoq의 이름을 딴 앙리르코크 자연사 박물관을 찾아갔다. 마침 미국에서 온 수학자 교수 부부도 파스칼의 진품 계산기를 보기 위해 이곳을 방문했다.

앙리르코크 자연사 박물관

천재 소년 파스칼은 열세 살 때 '파스칼의 삼각형'(이항계수를 삼각형 모양으로 배열한 것)을 발견했고, 열아홉 살 때 아버지의 회계업무를 도와주기 위해 계산기 파스칼린Pascaline를 발명했다. 황동상자에 담긴 이 계산기는 당시 파스칼의 수학에 대한 높은 이해와 정교한 세공술을 보여준다.

클레르몽 페랑의 명소 미슐랭 박물관에 갔다. 2009년에 개관한 이 박물관은 타이어와 미슐랭 가이드 등 125년의 역사가 전시된 곳으로 타이어의 과거와 현재, 미래를 볼 수 있어 색다른 재미를 주는 공간이다. 1900년 초반부터 시작된 프랑스의 자동차 역사가 한눈에 펼쳐진다. 1870년대 미슐랭 형제에 의해 세워진 미슐랭타이어(우리에게는 미쉐린타이어로 익숙한) 사는 원래 자전거 수리점에서 시작했다고 한다.

1900년부터 발간된『미슐랭 가이드』

그후 자전거와 자동차 산업 발전에 크게 기여해 세계 최초로 타이어에 요철무늬를 넣은 것도 이 회사였다.

또 미슐랭타이어 회사는 1900년부터 매년『미슐랭 가이드』를 발간해오고 있다. '이동하며 즐긴다'는 콘셉트로 만들어지기 시작한 이 책은 전 세계 호텔, 식당 등의 정보가 가득 담겨 있다. 제2차 세계대전 당시 노르망디 상륙작전에서 연합군의 승리를 도운 책으로도 유명하다. 연합군이 책에 나오는 도로, 숙박 등의 정보를 바탕으로 작전을 세울 만큼 정보가 꼼꼼하고 정교했다고 한다.

Préfète
BAR

중세시대의
젤리를 파는 청년

살레에 들어서자 오베르뉴 전통의 육중한 편암으로 엮은 지붕 수리가 한창이다. 여름이면 관광객이 넘친다는데 오늘 같은 날씨엔 드물다. 마을 중심에 살레 소牛를 개량 복원한 인물 티상디에 데스쿠스의 동상이 있다. 그는 이 마을 출신의 정치가이자 농학자였다.

살레는 인구 400여 명의 작은 마을이지만 중세의 전통이 고스란히 남아 있어 프랑스에서 가장 아름다운 마을 중 하나로 선정되었다. 마을에는 빵집, 정육점 등 있을 건 다 있다. 특히 젤리가게 앞에서 한 청년이 파는 젤리는 중세시대부터 내려온 전통 젤리다. 살레의 상징인 붉은 소 인형이 가게 앞에 놓여 있다.

살레 Salers

중세의 성벽으로 이루어진 도시로 프랑스에서 가장 아름다운 마을로 선정된 곳
인구: 약 400명
면적: 4.85km²

발걸음을 옮겨 기사단의 집을 찾아나섰다. 처음에는 기사단의 집이었다가 지금은 마을

중세시대부터 내려온 전통 젤리

의 생활사 박물관을 겸하고 있는 곳이다.

1층에는 100여 년 전 문을 열었던 약국의 모습이 그대로 보존되어 있다. 2층에는 중세의 거실과 살레 사람들이 살아온 생활상이 함께 전시되어 있다. 여기 전시물들을 보니 도착하며 보았던 지붕 보수는 육중한 편암에 구멍을 뚫어 못으로 엮는 것임을 알 수 있었다.

살레 사람들에게 희망이 된 소는 이 지역에서 무엇보다 중요한 명물이다. 살레 소는 붉은 털과 길고 얇은 뿔을 지녔으며 700kg이 넘는 무게에 양질의 우유와 고기로 유명하다.

성벽 위에 세워진 살레의 풍경을 혼자서 누리려니 가슴이 벅차다. 무성한 풀과 꽃을 뜯어먹는 소떼들, 마을의 작은 텃밭이 보인다. 살레에서만 느낄 수 있는 작은 평화다. 돌아오다 소떼를 만났다. 사람이 귀

살레 생활사 박물관인 기사단의 집

해서인지 피하지도 않고 오히려 뚜벅뚜벅 다가왔다. 살레 소를 만나러 온 것에 대한 반가운 인사 같았다.

와인의 나라답게 화산과 현무암 지대인 오베르뉴 땅에도 포도나무가 잘 자란다. 2천 년 전부터 포도 농사를 지었던 기록이 남아 있을 정도다. 이곳 포도밭을 보며 포도주의 선호도는 유명세가 아닌 맛으로 결정되어야 한다는 생각이 들었다.

점심을 먹기 위해 고풍스러운 식당으로 갔다. 먼저 부엌으로 들어가 봤다. 주방장이자 사장이 직접 지휘관처럼 힘차게 요리 중이다. 쇠고기가 버터 위에 지글거리고 버섯 크림이 올려진다. 마지막 장식까지 모두 사장 손을 거친다. 먼저 오베르뉴산 포도주를 마시고 『미슐랭 가이드』 본 고장다운 오리와 쇠고기 요리를 맛보았다. 온갖 치즈들이 총 출동했다. 프랑스 내에서도 사랑받는 캉탈, 블루오베르뉴, 생넥테르 온갖 치즈들이다.

오베르뉴 화산 중 가장 널리 알려진 퓌드 돔으로 갔다. 해발 1,465m 정상에는 로마령 시대에 지어진 머큐리(메르쿠리우스) 신전 터가 남아 있다. 사방팔방이 시원하게 내다보이고 먼 곳에서도 우뚝 솟은 퓌드 돔 정상에 로마인들은 상업의 신 머큐리의 제단을 장대하게 건설했던 것이다. 발굴 당시 돌기둥들을 보면 엄청난 규모였음을 짐작하게 된다.

오후엔 경비행기를 탔다. 새처럼 날렵한 경비행기를 타고 오베르뉴 땅을 조망하고 싶었다. 굴곡진 화산의 지형, 다 오르지 못한 오베르뉴의 최고봉 퓌 드 상시 정상(1,886m)이 선명하다. 하트 모양의 그림처럼 예쁜 파방호수도 보인다. 우뚝 솟은 퓌드 돔, 붉게 드러난 화산 지형도 제대로 보인다. 이번 여행에서 많은 사람들이 오베르뉴를 여행지로 선택한 까닭을 물었다. 살구빛 지붕이 바다처럼 반짝이는 클레르몽 페랑의 전경을 바라보며 대답한다. 다양한 풍광과 이야기가 살아 있는 숨은 보석 오베르뉴를 널리 알리고 싶어서라고.

퓌 드 상시 정상

점심을 먹기 위해 고풍스러운 식당으로 갔다. 오베르뉴산 포도주를 마시고 『미슐랭 가이드』 본 고장다운 오리와 쇠고기 요리를 맛보았다. 온갖 치즈들이 총출동했다.

단정하고 날렵한
전통 칼

강물에 숫돌을 돌려 칼을 만들어온 곳, 프랑스 칼의 수도로 불리는 티에르로 이동했다. 광장에 설치된 무쇠로 만든 커다란 시계탑에서 물줄기가 힘차게 쏟아진다. 뒤롤 강 협곡에 위치한 티에르는 중세 때부터 칼 제조업으로 명성을 얻고 있다. 중심가는 온통 칼 가게다. 티에르까지 일부러 칼을 사러 왔는지 사람들도 관심이 많다. 우리 돈으로 100만 원이 넘는 고가의 칼부터 1만 원 이하의 칼까지 다양하다. 단순한 칼이 아니라 예술작품으로 보인다. 중세풍 거리에 무쇠 칼 조각상이 불쑥 솟아 있다.

15세기 이후 지속되어온 칼 산업은 작업환경이 썩 좋지 않아 그 맥을 잇기가 쉽지 않다고 한다. 단정하고 날렵한 프랑스의 전통 칼을 만들기 위해 수백 년 이어온 장인의 손길이 더욱 귀하게 느껴진다.

오베르뉴에는 성이 많다. 중세의 느낌이 잘 살아 있는 뮈롤 성을 찾았다. 클레르몽 페랑에서 가까운 이곳은 인기 많은 체험학습장이다.

뮈롤 성 내부에 전시된 중세 기사의 투구들　뮈롤 성Chateau de Murol

12세기에 건축된 이래 성은 점점 확장되어 거대한 성채가 되었다. 군데군데 부서졌지만 내부는 비교적 온전하다. 중세 이래 이 성을 지배해온 뮈롤 가문과 오베르뉴, 그리고 전쟁에 참여했던 여러 나라 문장紋章이 보인다. 중세 기사들에게 필수인 투구와 칼, 전쟁의 무기도 전시되어 있다. 옥상에 오르니 중세의 화장실이 있다. 밖으로 뻥 뚫려 있는 구조가 참 특이했다. 이곳은 사방으로 뚫린 도로가 훤히 보이는 곳으로 마을을 한눈에 내려다볼 수 있다. 성은 마을 사람들의 재산과 생명의 최후 보루다.

멀지 않은 곳에 샹봉 호수가 보인다. 오베르뉴에 있는 100여 개의 호수 중 하나로 호수에서 아이들이 카누를 즐기고 있었다.

샹봉 호수를 배경으로 그림 그리기가 한창이다. 구경하는 사람들도 즐거운 표정이다. 나이 지긋한 여성분이 그림 그리기에 열중하고 있다. 노년의 삶이 여유롭고 아름다워 보인다. 우리의 노년도 저들의 표정처럼 아름다움과 여유가 충만하기를 기도한다.

아이거와 묀히, 그리고 융프라우로 대표되는 베른 알프스. 만년설 아래로는 야생화가 만발하고, 언덕에는 한가로이 젖소들이 풀을 뜯는가 하면 마을 뒤쪽에는 수직 폭포가 위용을 드러낸다. 발리스 알프스에서 케이블카로 준봉을 오르면 몬테로사의 빛나는 만년설을 만날 수 있다. 사람들을 유혹하는 스위스 알프스로 떠나보자.

만년설이 유혹하다

스위스 알프스

_김성기

500년 된 시계탑과
아인슈타인 하우스

스위스의 관문 취리히 공항에서 열차를 타고 베른으로 들어간다. 베른은 26개 주로 된 스위스 연방의 수도다. 세월을 품은 듯 도시의 면모가 고풍스럽다.

구시가지 언덕을 감싸 흐르는 아레 강과 주변의 모습이 무척 인상적이다. 강변 공원에는 생뚱맞게 곰들이 어슬렁거린다. 베른 시의 지명은 곰Bear에서 유래됐다고 한다. 12세기 말 이곳에 터를 닦은 베르히톨트 5세가 첫 사냥에서 잡은 동물도 곰이라고 전해진다.

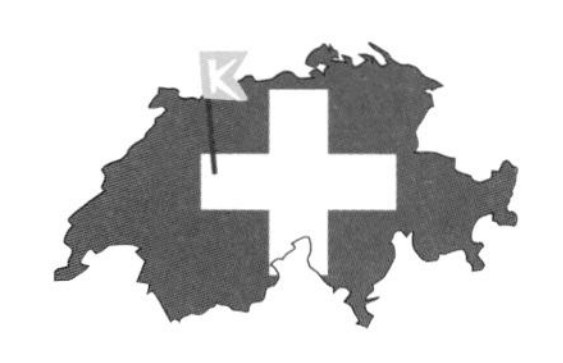

베른 Bern

구시가지 전체가 세계문화 유산으로 지정된 중세적인 분위기의 도시
인구: 약 13만 8천 명
면적: 51.6km²

미끈하게 빠진 세련된 전차가 거리를 질주한다. 베른의 주된 대중교통 수단이다. 도로 양쪽으로 석조 아케이드가 길게 이어져 있다. '라우베'라 불리는 아케이드는 15세기 초 큰 화재 이후 지어진 것이라고 한다. 유럽에서 가장 긴 이 아케이드는 베른 시의 자랑거

치트크로게 시계탑

리 중 하나다. 스위스와 베른 주 깃발, 그리고 형상물들이 아케이드를 장식하고 있다.

베른의 구시가지는 1983년 세계문화유산으로 지정되었다. 중세적 분위기가 잘 살아 있고 역사적 유적들이 잘 보존됐기 때문이다. 크람 거리는 베른 시 관광 1번지다. 이곳엔 치트크로게 시계탑이 있는데 이곳의 유명한 시계탑에서 인형극을 보기 위해서 관광객들이 몰려든다.

시계탑 공연 시작 3분 30초 전 닭 울음소리가 들리고, 이어서 어릿광대와 시간의 신 크로노스 밑으로 7마리의 곰들이 회전한다. 정시가 되자 시간의 신과 곰의 지시에 따라 종이 울린다. 종탑에서는 황금색의 남자가 종을 치고 있다. 나는 시계탑 내부의 구조를 보고 싶었다. 큰 돌로 만든 다섯 개의 추가 시계의 동력을 제공한다. 시계추 밑으로

1983년 세계문화유산으로 지정된 베른의 구시가지

인형극을 연출하는 장치가 있다. 정교하게 맞물린 구조가 놀랍다. 이 시계 장치는 12세기에 세워진 성문에 1530년 카스파 브룬넬이라는 금속공이 만들었다. 당시의 시계 기술이 상상을 초월한다. 시간이 되자 톱니바퀴들이 정확히 맞물려 돌아가며 인형극을 연출한다. 이 놀라운 시계장치는 500년 가까이 되는 세월 동안 작동했다.

시계탑과 가까운 곳에 또 하나의 명소가 있다. 2층집인 아인슈타인 하우스다. 이곳은 아인슈타인이 1902년 스위스 연방 특허청 사무원으로 채용되면서 살게 된 집이다. 아인슈타인의 특수상대성이론의 발상지이자 그의 삶의 궤적을 알 수 있는 작은 박물관인 셈이다.

전시장 한쪽에는 삶의 진정한 동반자였던 아내 밀레바 마리치와의 관계를 보여주고 있다. 아인슈타인은 양가의 반대에도 불구하고 함께

아인슈타인 하우스

시계탑과 분수대가 있는 베른 시가지

취리히 대학에 재학 중이던 그녀와 결혼했고, 베른에서의 생활은 행복했다고 회상했다. 입구에 놓인 아인슈타인의 중등학교 시절 성적표가 눈길을 잡는다. 역시 수학 과목과 물리 과목의 성적이 뛰어나다. 아인슈타인은 이곳에서 특수상대성이론을 발상하게 되는데 집 근처에 있는 시계탑에서 영감을 얻었다고 한다.

베른 시가지에서는 분수대를 지나칠 수 없다. 100여 개의 분수대가 다양한 형상물로 장식되어 있다. 그중 11개는 16세기 초에 설치된 것이다. 500년 가까이 된 분수대를 지금까지 유지해온 베른의 역사성이 돋보인다. 이 분수는 여전히 거리에 청량한 식수를 제공한다.

빙하수가 만들어낸 아레 강은 시민들에게 훌륭한 휴식처를 제공한다. 아레 강을 끼고 마르칠리 공원이 넓게 펼쳐져 있다. 수영장도 무료로 개방된다고 한다. 연방의사당이 올려다 보이는 도심 한복판에 멋진 잔디밭이 있다. 일광욕을 즐기는 사람들이 여유로워 보였다. 여름이 오면 공원 옆 아래 강에서는 많은 사람들이 수영을 즐긴다. 사람들은 불어난 강물이 아쉬운 모양이다. 수영하기에는 위험한데도 불구하고 시원한 빙하수의 유혹을 뿌리치지 못하는 사람도 있다.

레스토랑이 즐비한 뵈런 광장을 둘러보다 스위스 정통 치즈 요리를 맛보고 싶어졌다. 먼저 주방에서 조리 과정을 지켜봤다. 치즈를 녹이는 기구가 흥미롭다. 치즈를 불에 녹여서 먹는 라클레트라는 음식이다. 녹여낸 치즈와 통감자에 양파와 피클 등을 곁들여 먹는다. 간단해 보이지만 라클레트는 퐁듀와 함께 스위스를 대표하는 치즈 요리로 화이트 와인을 곁들여 먹어야 제격이다. 단출하지만 입맛에 맞는 음식이었다.

괴테가 영감을 얻은 슈타우프바흐 폭포

융프라우로 대표되는 베른 알프스의 관문 인터라켄으로 향했다. 인터라켄은 빙하 호수인 툰과 브리엔츠, 두 호수 사이에 있는 도시다. 인터라켄의 북쪽 마을 빌더스빌에 닿았다. 베른 알프스를 즐기기 위해서는 이곳에서 열차로 이동해야 한다. 스위스 사람들은 이미 19세기 말부터 이곳에 관광용 산악철도를 건설했다.

베른 알프스는 융프라우와 묀히 그리고 아이거 등 4천m급 준봉들이 있는 세계적 관광지다. 열차 안 객실은 이른 아침부터 만원이다. 열차는 알프스에서 흘러내리는 빙하수 계곡을 따라 들어간다. 얼마 후

슈타우프바흐 폭포

열차가 닿은 곳은 라우터브룬넨. 여기서부터는 톱니 궤도를 달리는 산악열차로 갈아타야 한다.

라우터브룬넨에는 놀랍게도 마을 뒤편의 수직 절벽을 따라 흘러내리는 슈타우프바흐 폭포가 있다. 이 폭포는 라우터브룬넨의 상징이다. 시인 괴테가 이 폭포에서 영감을 얻었다고도 전해진다. 슈타우프바흐란 말은 독일어로 '먼지 시냇물'을 뜻한다. 미세하게 부서져 날리는 포말이 마치 먼지가 이는 것처럼 보이기 때문이다. 15km에 달하는 라우터브룬넨 계곡은 알프스 빙하의 침식 작용으로 형성됐다. 이 계곡에만 72개의 폭포가 있다고 한다. 자연이 만들어낸 경이로운 모습이다.

만년설이 빛나는 준봉 아래로 라우터브룬넨 빙하 계곡이 펼쳐진다. 융프라우와 가장 가까운 벤겐 마을이 계곡을 마주하고 있다. 벤겐 마

스위스 전통악기 알프호른

을은 융프라우를 찾는 관광객들의 거점 마을이자 겨울 스키장으로 유명한 곳이다.

이곳을 방문한 날이 바로 8월 1일 스위스 건국기념일이었다. 스위스 전통 악기인 손풍금 소리가 정겹게 울리고 마을에서는 조촐한 파티가 열렸다. 마을 주민과 관광객이 어울려 건국기념일을 축하한다. 건국기념일을 맞아 스위스 알프스를 상징하는 알프호른alphon 연주가 이어진다. 알프호른은 알프스 목동들이 소들을 불러들일 때 사용하던 도구가 전통악기로 발전한 것이다. 산에서 산으로 멜로디를 전하며 목동과 소가 의사소통을 위해 썼던 도구였다. 요즘은 콘서트에서 연주용 악기로 사용되고 다른 악기와의 합주도 가능하다고 한다. 길이가 3m나 되는 알프호른의 소리가 무척 부드럽다. 연주단은 오늘 마을 곳곳을 돌

건국기념일 행사를 축하하는 카우벨 행렬

며 축하 연주회를 펼친다고 한다. 알프호른 합주는 형태를 바꿔가며 이어진다. 합주 모양을 달리하면 소리의 울림도 달라진단다. 오랜 세월을 이어오면서 다양한 연주 형태가 만들어진 것이다. 관광객들에겐 흥미로운 구경거리다.

브라스밴드 행진을 시작으로 건국기념일 행사가 이어졌다. 시민들의 축하 연등행렬이 뒤따른다. 동네를 한 바퀴 돌며 축하 분위기를 고조시키는 것이다. 이어서 한쪽에서 요란한 소리를 내며 독특한 연주단이 나타난다. 카우벨cowbell 연주단이다. 알프스 젖소들의 목걸이 종이 악기로 발전한 것이다. '트리클러'로 불리는 스위스 전통 워낭에서 스위스 전통악기로 거듭났다. 연주단은 마을 대로를 따라 카우벨을 리듬감 있게 흔들며 나아간다. 카우벨을 한바탕 신나게 흔들고 연주가 끝났다. 관광객들은 카우벨 연주단이 신기한 모양이다. 카우벨 무게는 무려 13kg이나 된다. 제대로 흔들기도 힘들었다. 요령을 알아야 소리가 난다. 스위스 알프스에서만 볼 수 있는 재미있는 악기다. 이날 축하 행사는 불꽃놀이와 함께 밤늦도록 이어졌다.

만년설에서 피어난 야생화

현지 안내인과 함께 산악 트레킹에 나섰다. 이곳에 산악열차가 설치된 것은 100년도 넘었다고 한다. 중앙으로 톱니 선로가 하나 더 있는 것이 흥미롭다. 얼마 가지 않아 융프라우가 웅장한 자태를 드러내고, 초지에는 젖소 무리가 보인다. 알프스 치즈 생산으로 유명한 벤게른알프 역에서부터 트레킹을 시작하기로 했다. 베른 알프스 3봉인 융프라우, 묀히, 아이거를 끼고 걷는 코스로 베른 알프스는 트레킹 코스가 잘 만들어져 있다.

곳곳에 야생화가 지천으로 피어 있다. 만년설을 배경으로 피어난 야생화가 대견스럽다. 어떻게 이런 고지에서도 꽃을 피울까 싶다. 알프스 야생화의 개화 시기는 6월 중순부터 9월 중순까지라고 한다. 산속 깊

이 들어가자 가문비나무숲이 나타난다. 수목 한계선인 2천m 고지다. 가문비나무는 추운 겨울에도 잘 견디기 때문에 이곳에서도 잘 자란다고 한다. 나무숲 너머로 수백 미터에 이르는 빙하수가 쏟아져 내린다. 베른 알프스에서는 산악 마라톤을 즐기는 사람들도 많다고 한다.

드디어 베른 알프스 3봉 중 하나인 묀히가 모습을 드러낸다. 옆으로 구름에 걸린 아이거가 있다. 왼쪽 사면이 그 유명한 북벽이다. 검은 바위라 불리는 봉우리 밑으로 갈림길이 나 있다. 여기서 클라이네 샤이데크까지는 30분 거리다.

넓은 사면으로 습지가 펼쳐져 있다. 습지는 이곳 생태계에 중요한 기능을 하는데, 말하자면 온갖 생명들의 온상이다. 한가로이 풀을 뜯는 젖소들이 행복해 보인다. 큼직한 방울을 단 녀석이 친근하게 다가와 여행객을 반긴다. 녀석들은 이곳에서 신선한 풀을 먹으며 봄부터 여름까지 지내게 된다. 바람에 이는 야생화가 아름답다.

목적지 클라이네 샤이데크가 이제 눈앞이다. 클라이네 샤이데크에서 열차를 타고 곧장 유럽의 지붕이라 일컫는 융프라우요흐로 향한다. 열차는 곧바로 터널로 진입한다. 이 터널의 길이는 7.2km나 된다. 아이거와 묀히의 암반을 뚫은 것이다.

무엇보다 이 터널을 16년의 공사기간을 거쳐 1912년에 개통했다고 하니 당시의 기술력에 놀라지 않을 수 없다. 기관사 라이스 씨는 고맙게도 기관사 석에서 촬영할 수 있는 친절을 베풀어줬다. 터널에는 바깥을 구경할 수 있는 곳이 두 군데 있다. 이곳을 아이스메어라고 하는데 '얼음바다'라는 뜻이다. 터널을 나오자 창밖으로 별천지가 펼쳐진

산악열차 차창밖으로 보이는 융프라우

다. 아이거에서 흘러내리는 거대한 빙하다.

유럽에서 가장 높은 융프라우요흐역에 닿았다. 융프라우 철도를 건설한 구에르 첼러 기념상이 관광객을 반겼다. 서둘러 역 바깥으로 나갔다. 날씨가 심상치 않다. 기상이 더 나빠지기 전에 알레치 빙하를 먼저 카메라에 담았다. 세계자연유산으로 등재된 유럽에서 가장 긴 빙하로 최대 길이는 26.8km다. 눈이 내리기 시작하자 관광객들은 한여름에 맞는 눈이 신기한 듯 무척 즐거운 표정이다. 이제 눈이 거의 쏟아져 내린다. 3,454m나 되는 고지라 기상이 수시로 변한다.

알레치 빙하는 순식간에 자취를 감췄다. 아쉽지만 실내에 있는 사진으로 전경 감상을 대신했다. 하산하는 길은 날씨가 언제 그랬냐는 듯 맑았다. 아이거와 묀히 봉우리가 멋진 자태를 뽐낸다. 여전히 융프라우 정상은 구름에 휩싸여 있다. 다음 기회를 기약해본다.

소금을 먹기 위해 모인 산양들

발리스알프스의 관문 체르마트로 가기 위해 남쪽으로 향했다. 체르마트는 많은 관광객과 등산객으로 붐볐다. 알프스 염소 떼가 사람들을 반긴다. 역 앞에는 전기 택시들이 주차해 있다. 청정 환경을 지키기 위해 일반 차들은 들어올 수 없도록 했다. 서둘러 고르너그라트 행 산악열차를 탔다. 마을 너머로 구름에 휩싸인 마터호른이다. 4천m급 준봉들 아래로 흘러내리는 빙하가 보이기 시작했다.

산악열차는 얼마 지나지 않아 고르너그라트 역에 도착했다. 발리스알프스는 스위스의 최고봉 두포우르슈피체를 비롯해 4천m가 넘는 준봉들이 줄지어 있는 곳이다. 발치 아래로 최대 14km에 이른다는 고르너 빙하가 이어지고 왼쪽으로 최고봉 우리를 이루는 몬테로사가 구름에 둘러싸여 있다. 만년설이 녹

체르마트 Zermatt

마터호른 산 기슭에 위치한 관광명소
인구: 5,775명
면적: 242.7km²

알프스에 서식하는 야생 산양 아이벡스

아 흘러내리며 에메랄드 빛 호수가 생겨났다. 독특한 지형을 만들어내는 빙하 지대가 신비로웠다.

발리스알프스를 대표하는 마터호른은 완전히 자취를 감추었다. 구름이 계속 일었다. 순간 구름 속에서 산양이 나타났다. 멋진 뿔을 자랑하는 아이벡스란 녀석이다. 알프스에 서식하는 야생 산양으로 수컷은 1m에 가까이 뿔이 자란다고 한다. 녀석들이 한쪽으로 움직이기에 따라가보니 한두 녀석이 아니다. 산양들이 모인 이유는 소금을 먹기 위해서였다. 신기하고 흥미로운 광경이었다.

설원 위에 펼쳐진 천혜의 스키장

이른 아침 체르마트 마을에서 눈부신 마터호른 봉우리를 맞았다. 미국의 파라마운트 영화사 로고 배경으로 잘 알려진 바로 그 모습이다. 피라미드 형 암벽이 신비로움을 더한다. 찌를 듯한 암벽 높이만 1,500m에 이른다고 한다. 마터호른은 여러 곳에서 다양한 각도로 조망할 수 있다.

클라인 마터호른에 있는 전망대까지 오르기로 했다. 고지까지 케이블카가 설치돼 있다니 알프스를 즐기기 위한 스위스 사람들의 의지가 엿보인다.

발리스알프스에서 가장 높은 산 몬테로사가 마침내 모습을 드러냈다. 그 산의 최고봉 두포우르슈피체는 스위스에서 가장 높은 봉우리다. 트록크너 슈텍 역에서 강력 케이블카로 갈아타게 된다. 이곳부터

마터호른 봉우리

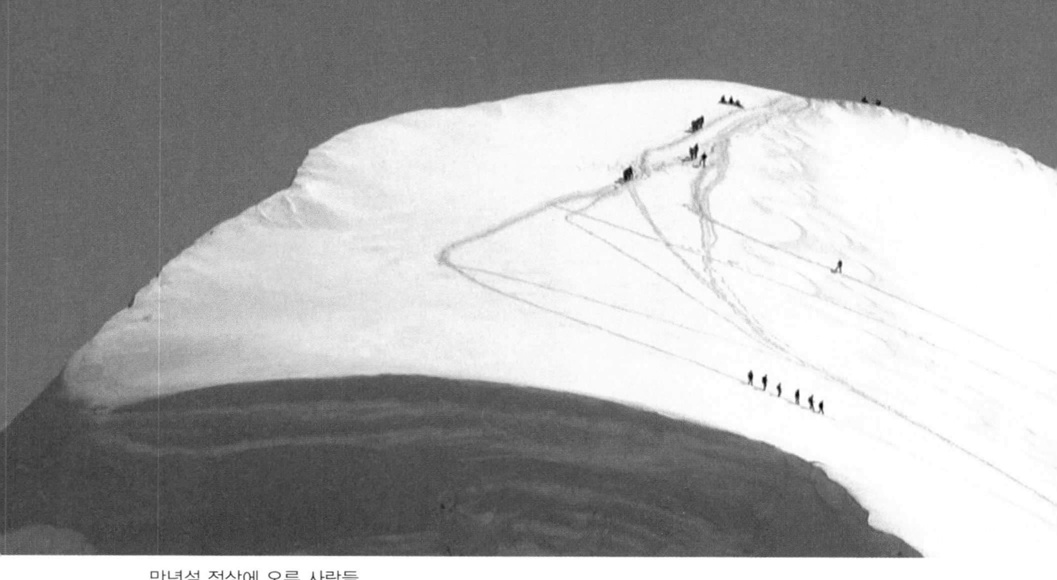
만년설 정상에 오른 사람들

수직으로 케이블카가 오르기 때문이다. 케이블카 창밖으로 눈부신 설경과 대 빙하가 펼쳐진다. 케이블카의 종착지인 클라인 마터호른이 보인다. 3,883m 암봉 정상에 만든 케이블카 역이다. 대단하다는 말밖에 달리 표현할 말이 안 떠오른다.

역에서 나오자 뜻밖에도 넓은 설원이 펼쳐져 있고, 이 높은 곳에 스키장까지 설치돼 있다. 한여름인데도 온통 눈 세상이다. 사람들은 천혜의 스키장에서 스피드를 즐기고 있다. 멋진 슬로프를 마주하고 해발 4,478m의 마터호른이 솟아 있다. 동쪽에서 본 마터호른은 마을에서 본 것과는 전혀 다른 모습이다.

마터호른을 마주하고 4,165m의 브라이트호른이 솟아 있다. 발자국을 남기며 만년설 정상을 오르는 등산객들의 모습이 인상적이다. 전망대는 시설 공사로 이용할 수 없었다. 관광객들은 아쉬운 대로 전망대

레만 호

옆에서 마터호른을 배경으로 사진을 찍는다. 마터호른은 순간순간 모습이 바뀐다. 구름이 계속 봉우리를 감싸오르기 때문이다.

전망대 입구에는 눈썰매장이 설치되어 있다. 썰매를 타는 사람들이 동심으로 돌아간 표정을 짓고 있어 보기만 해도 흐뭇했다.

레만 호의 백조라 불리는 시용 성

베른으로 돌아가는 길에 레만 호에 들르기로 했다. 레만 호는 스위스와 프랑스에 걸쳐 있는 호수로 넓이가 583km^{2}이고 제네바 호수라도고 불린다. 레만 호는 세계적인 명사들이 즐겨 찾았던 휴양지로 잘 알려진 곳이다. 유람선은 프랑스 국기와 스위스

국기를 앞뒤로 함께 달고 있다.

레만 호 동쪽의 휴양도시 몽트뢰로 향했다. 몽트뢰는 스위스 보Vaud 주에 있다. 이곳에는 리조트 시설들이 즐비하다. 재즈 페스티벌로 이름난 도시답게 유명 가수들의 조각 공원이 조성돼 있다. 그중에서 몽트뢰 시장 앞에 호수 전면을 향해 있는 조각상이 있다. 영국의 유명 록그룹, 퀸의 리드 보컬 멤버였던 프레디 머큐리의 조각상이다. 프레디 머큐리는 말년에 호숫가에 작업실을 만들고 작품활동을 했다고 한다. 이제 이곳은 몽트뢰의 명소가 됐다. 열정과 자유를 상징하는 장미 한 송이를 치켜든 프레디 머큐리의 외침이 귓가에 맴돌았다.

몽트뢰에는 또 하나의 명소가 있다. 레만 호의 백조라 불리는 시용성이다. 마치 조각처럼 멋진 외관을 자랑하는 시용 성은 특이하게도 호숫가에 만들어졌기 때문에 더욱 유명세를 탔다. 13세기 초 이탈리아의 사부아 가에서 세운 이후, 수세기 동안 개축된 것이다. 사부아 가는 스위스에서 이탈리아로 넘어가는 경계였던 이곳에 성을 짓고 통행료를 거뒀다고 한다. 1536년 스위스 사람들이 점령한 이후 시용 성은 방어 요새로 쓰였고 이후 병기창과 감옥으로도 사용되었다. 곳곳에 요새의 흔적이 잘 남아 있다.

성곽의 돌을 파내 만든 활 쏘는 자리가 흥미롭게 생겼다. 방어 탑은 적의 동태를 한눈에 살펴볼 수 있게 만들어져 있다. 사부아 가의 영주

레만 호의 백조 시용 성

침실로 사용되었던 방에 들어섰다. 당시 벽화 장식의 흔적이 잘 남아 있다. 그 옆방에 욕실도 있었는데 중세시대 귀족들의 생활상을 엿볼 수 있다. 당시의 변기가 사람들의 시선을 끈다. 호수로 이어진 자연 정화조인 셈이다.

시용 성을 유명하게 만든 것은 지하에 있는 감옥이다. 죄수에게 씌웠던 쇠사슬이 그 흔적을 말해준다. 스위스의 애국적 자유주의 사상가이자 종교개혁가인 프랑수아 보니바르(1498~1570)는 사부아 영주의 폭정에 저항하다 이곳에서 6년 동안 고통의 세월을 보냈다. 1816년 이곳을 방문한 영국의 시인 바이런은 「시용 성의 죄수」라는 서사시를 짓게 되고, 이 시로 시용 성은 유럽에 널리 알려지게 되었다. 감옥 내 기둥에는 바이런의 친필 서명이 새겨져 있다. 그 옆 암벽에 바이런의 시용 성 방문 기념패가 붙어 있다. 호숫가의 시용 성 모습이 한 폭의 그림 같다.

알프스의 아름다운 풍광과 주요 명소를 둘러보고 트레킹, 패러글라이딩, 산악 마라톤 등 알프스에서 즐길 수 있는 레포츠를 체험해본다. 국내 최초로 소개되는 몽블랑 익스프레스를 타고 알프스 최고봉을 오르는 아찔한 경험! 말로 표현할 수 없는 그 감동을 찾아 스위스 제네바로 떠나보자.

알프스 몽블랑 익스프레스

스위스 제네바

__이상헌

오드리 헵번과 찰리 채플린이 잠든 곳

알프스로 가기 위한 관문 제네바에 도착했다. 스위스 인구 약 800만 명 중 20만 명이 거주하는 제네바는 스위스에서 두 번째로 인구가 많은 도시다.

레만 호수 안에 제네바의 명물 제또 분수가 보인다. 관광객들이 분수가 어디까지 치솟는지 보기 위해 망원경 앞에 길게 줄을 서 있다. 분수는 높이 140m, 시속 200km로 초당 500L의 물을 뿜어올렸다. 장관이 따로 없었다.

제네바 Geneva

여의도 면적 200배에 이르는 레만 호수 남단에 위치한 스위스 제2의 도시로 국제회의 개최지로 유명
인구: 약 20만 명
면적: 15.9km²

거리 공연을 하는 커플이 이목을 끄는 곳, 제네바의 구시가지로 향했다. 이곳에는 예술이 일상 속에 들어와 있다. 바스티옹 공원 앞에 설치된 초록 벤치는 환경과 조화를 이룬 디자인의 미학을 드러낸다. 바스티옹 공원에서 커다란 말로 체스를 두는 사람들도 있다. 진지한 표정에서 스위스인 특유의 치밀함과

바스티옹 공원 앞 초록 벤치

정교함이 엿보인다. 움푹 패인 벤치가 안락함과 여유를 느끼게 한다.

제네바는 종교개혁의 중심이 되었던 곳으로 바스티옹 공원에는 종교개혁의 벽이 세워져 있다. 종교개혁을 시작한 장 칼뱅과 기욤 파렐, 칼뱅의 후계자인 테오도르 드 베자와 존 녹스 4인의 모습이 새겨져 있었다. 조각은 칼뱅 탄생 400주년이던 1909년에 시작되어 1917년 완성됐다. 종교개혁의 벽 앞에 서니 엄숙한 분위기가 맴돈다.

이 광장 앞에 그리스 파르테논 신전을 닮은 성 피에르 성당이 서 있다. 13세기 가톨릭 성당으로 지어졌으나 칼뱅의 종교개혁 후 개신교의 교회가 됐다. 칼뱅이 1564년에 타계할 때까지 28년 동안 설교한 장소로 유명하다.

제네바를 떠나 톨로슈나로 이동했다. 톨로슈나에는 '오드리 헵번 정

톨로슈나에 있는 오드리 헵번 묘지

거장'이라는 특별한 정거장이 있다. 마을 어귀에 배우 오드리 헵번의 흉상이 세워져 있다. 영화 〈로마의 휴일〉에 출연해 오스카상을 수상하며 전 세계 영화팬의 마음을 사로잡았던 그녀가 말년을 보낸 집이 이 흉상에서 아주 가까운 곳에 있다. 헵번은 생의 마지막 30년을 이 집에 살면서 개발도상국 어린이들을 위한 유니세프 활동을 활발히 펼쳤다. 해바라기가 빽빽이 피어 있는 농장 곁에 그녀의 묘지가 있다. 그녀는 1993년 암으로 사망했고 유언대로 이 마을 묘지에 묻혔다. 이곳 주민들은 그녀가 생을 마감할 때까지 유명인의 주목받는 삶이 아니라 평범하고 조용한 삶을 살기 원했던 마음 따뜻한 이웃이었다는 말을 전한다. 헵번의 젊은 시절 아름다운 사진을 보니 눈빛이 아직도 살아 있는 것 같았다.

스위스 식품 기업 네슬레가 만든 포크

아쉬운 발걸음을 뒤로 하고 톨로슈나를 출발해 레만 호를 따라 브베라는 곳으로 갔다. 브베에도 세계적인 스타가 살았었다. 무성 희극 영화의 대가 찰리 채플린이다. 그는 24년간 살았던 브베에서 팬들 곁에 영원히 잠들었다. 그의 무덤은 레만 호가 보이는 곳에 있었다. 바람결에 멜로디가 실려왔다. 고개를 돌려 보니 중년의 남성이 나무로 만든 실로폰을 연주하고 있었다. 찰리 채플린을 추모하는 듯 하늘과 맞닿은 레만 호의 물빛과 실로폰 소리가 어우러졌다.

브베는 레만 호 북쪽의 소도시로 식품기업 네슬레의 본사가 있는 곳이다. 맑은 날씨와 알프스의 산들, 그리고 아이들이 평화롭게 노는 모습에 반하지 않을 수 없었다. 호수에 세워진 8m 높이의 포크는 스위스의 식품기업인 네슬레에서 음식박물관 개관 10주년을 기념하여 만든 작품이다. 레만 호의 맛, 스위스의 맛을 느껴보라는 의미가 있다고 한다. 거대한 포크가 호수 한가운데 쓰러지지 않고 우뚝 서 있는 모습을 보니 신선하고 신기했다.

나폴레옹이 넘은 세인트 버나드 고개

브베에서 남쪽으로 40여 분을 달려 마르티니에 도착했다. 마르티니는 알프스가 시작되는 계곡에 위치해 있다. 각종 박물관과 유명 화가들의 미술관이 많아 예술의 도시로 불린다. 거리에 줄지어 서 있는 명화 포스터들을 따라가다 한 박물관에 이르렀다. 사업가 레오나르 지아나다의 개인 박물관이다. 안에는 20세기 최고의 화가로 인정받는 마티스와 피카소, 그리고 동시대에 활동했던 여러 예술가들의 작품들이 함께 전시돼 있었다.

1984년 로댕의 조각전을 계기로 지아나다 박물관은 전 세계에 알려졌다고 한다. 박물관이 자리한 곳은 1세기경 로마의 메르큐르 신전 터였다. 당시 토기들과 장식품들도 볼 수 있었다.

거장의 작품을 감상하는 행운을 맛본 후 버스를 타고 세인트 버나드(생 베르나르) 고개를 향해 출발했다. 잘 보존된 구시가지를 지나 탁 트인 하늘 아래 산길을 굽이굽이 올라갔다. 기원전 218년경에는 카르타고의 명장

마르티니 Martigny

알프스 계곡에 위치한 발레 주의 마을
인구: 약 1,564만 명
면적: 24.97km²

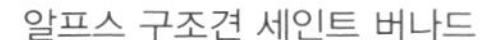
알프스 구조견 세인트 버나드

지아나다 박물관

한니발이, 1800년경에는 프랑스 황제 나폴레옹이 알프스를 가기 위해 이 길을 넘었다. 해발 2,473m 정상 바로 아래에 예상치 못했던 아름다운 호수가 있었다. 건너편은 이탈리아 영토다. 언덕에 올라갔다 내려오는 사람들이 보였다. 사람들 뒤를 따르는 커다란 개들은 구조견으로 유명한 세인트 버나드다. 이곳에 위치한 세인트 버나드 수도원에서 이름이 유래됐다. 원래 눈속에 길을 잃고 죽어가는 순례자들을 구조하던 구조견이었는데 지금은 이렇게 관광객들을 위해 포즈를 취해준다.

근처의 세인트 버나드 수도원은 11세기에 살았던 베르나르 성자가 세운 곳이다. 베르나르 성자는 이곳을 지나는 순례자들을 보살폈다고 한다. 수도원에 부속된 여행자 식당에는 누구라도 따뜻한 차를 따라 마실 수 있게 큰 대접을 마련해놓았다. 한겨울 추위와 목마름을 피해 식당을 찾은 순례자들이 언 손을 녹이며 따뜻한 차를 마시던 전통이 아직까지 이어지고 있는 것이다. 세월이 흘러도 변하지 않는 아름다운 배려에 감사했다.

낭만 열차
몽블랑 익스프레스

마르티니로 돌아와 몽블랑 익스프레스를 타기 위해 역을 찾아갔다. 마르티니 역이 몽블랑 익스프레스의 출발지다. 도착하니 손님을 태우기 위해 대기 중인 빨간색 산악열차 몽블랑 익스프레스가 눈에 들어왔다. 이 열차는 마르티니를 출발해 10개의 역을 거쳐 프랑스 샤모니에 도착한다.

열차가 출발하자 위로 보이던 집들이 아래로 내려다보였다. 돌산을 깎아 만든 선로를 따라가다 보니 어느새 역에 도착했다. 역 이름은 르 셰틀라, 해발고도 1,126m다. 그곳에 내려 가파른 선로를 올라가는 케이블카의 일종인 푸니쿨라 표를 끊었다. 롤러코스터처럼 높은 경사의 산길을 올라가려면 푸니쿨라를 타고 올라가야 한다. 이 푸니쿨라는 고도 700m를 올라가는데, 최대 경사가 87도이니 거의 수직으로 가는 셈이다. 선로 가운데 케이블이 움직이며 이동하는 원리로 케이블을 감아 1,306m를 10분 만에 도착했다.

몽블랑 익스프레스

알프스 최고봉 몽블랑

르 몬티에라는 역에서 내려 알프스 최고봉 몽블랑을 볼 수 있는 파노라마 열차를 탔다. 놀이동산에서 타볼 수 있을 것 같은 작은 열차가 알프스로 안내해준다. 만년설로 뒤덮인 알프스의 하얀 산들이 보였다. 몽블랑은 흰 산이라는 뜻이다.

드디어 알프스 최고봉 몽블랑(4,810m) 정상이 눈앞으로 다가왔다. 총 1,650m를 지나자 거대한 에모송 댐이 나타났다. 여기서 파노라마 열차를 내려 다시 미니 푸니쿨라로 갈아탔다. 길이 260m, 최대 경사 73도의 선로를 따라 143m 고도를 2분 만에 올라갔다. 눈앞에 에모송 호수가 펼쳐졌다. 계절이 깊어지면 물의 옥빛도 더 짙어진다고 한다. 1973년 세워진 에모송 댐의 높이는 180m다. 댐 위를 걸어 건너편으로 가니 트레킹할 수 있는 산들이 있었다. 여러 개의 트레킹 코스가 있는데,

에모송 댐

어디든 2시간 이내에 도달할 수 있어 왕복 4시간이면 충분했다.

트레킹을 시작하니 노부부가 오를 수 있을 정도로 산길은 편안했다. 알프스의 천연 블루베리도 따라 맛보았다. 좀 더 올라가니 길이 험해졌다. 공룡 발자국이 있는 곳으로 가는 길은 산사태로 폐쇄되어 다른 길로 가기로 했다. 작년 겨울의 잔설들이 보였다. 계곡에 떨어진 빙하 조각이 생선의 비늘처럼 반짝였다. 케른cairn이라고 부르는 돌로 쌓아둔 이정표가 보였다. 케른은 돌무더기로 특정 루트를 나타내는 이정표다.

송곳니처럼 솟아난 봉우리가 나타났다. 이 봉우리를 보는 것으로 만족하고 내려가기로 했다. 내려가는 길도 눈을 즐겁게 했다.

올라오는 열차가 다가오자 내려가는 열차가 멈춰 기다렸다. 탑승객 모두 서양인이었다. 우리나라

사람들을 비롯한 동양인들에게 잘 알려지지 않은 것 같았다. 알프스와 헤어지기가 서운했다. 다시 푸니쿨라로 갈아타고 내려갔다. 내려가는 길은 더 가팔라 보였다. 알프스는 작별인사로 아름다운 풍광을 선물했다. 롤러코스터를 탄 것 같은 급경사 구간을 내려가 한 시간 간격으로 지나가는 몽블랑 익스프레스로 다시 갈아탔다.

르 몬티에 역에서 열차를 타고 마레코트 역에서 내렸다. 역 앞에서 오솔길로 들어서니 놀랍게도 알프스 빙하가 녹은 물로 채운 천연의 수영장이 나왔다. 표를 사서 안으로 들어갔다. 알프스 산속에 이런 비밀스런 수영장이 있을 줄 누가 알았겠는가. 산행의 더위를 식힐 겸 물로 뛰어들었다. 물은 마셔도 좋을 만큼 깨끗하고 차가웠고 산행의 피로가 말끔히 씻겨나갔다. 알프스에 대한 아쉬움을 새로운 즐거움으로 채울 수 있었다.

수영장 옆에는 사슴을 비롯한 알프스의 동물들이 살고 있는 마레코

트 동물원이 있었다. 사슴 외에도 개와 꼭 닮은 알프스 늑대, 거센 뿔을 가진 야생염소, 동물원의 귀염둥이 마르모트가 있었다. 아이들이 동물을 가까이서 볼 수 있도록 배려해놓았다.

다시 열차를 타고 인구 450명의 조그만 마을인 팡우 역으로 향했다. 마침 주말을 맞아 축제가 열렸다. 사람들이 느슨한 줄을 나무 사이에 연결하고 그 위를 걸어가는 슬랙 라인이라는 스포츠를 즐기고 있었다. 아이들은 스포츠 클라이밍 경기를 하고 있었는데 성공하지 못했어도 격려의 박수를 아끼지 않는 모습이 인상적이었다.

흰 산이라는 뜻의 몽블랑

몽블랑 익스프레스를 타고 종착역인 프랑스 땅 샤모니로 향했다. 도착한 곳은 샤모니 몽블랑 역. 프랑스 영토인 샤모니는 계곡에 자리 잡은 도시다. 샤모니를 세상에 알린 건 알프스 최고봉인 몽블랑이다.

스위스 제네바의 과학자 페르디낭 드 소쉬르의 제안으로 샤모니의 수정 채취업자인 자크 발마와 의사 미셸 파카르가 1786년 인류 최초로 몽블랑 정상에 올랐다. 이듬해 소쉬르도 정상을 밟았다.

몽블랑을 가까이서 보고 싶어 해발 3,842m 에귀디미디 전망대까지 가는 케이블카를 타기로 했다. 고도 차가 무려 2,812m나 돼 중간에 케이블카를 갈아타야 했다. 케이블카 아래로 설산을 걸어가는 사람들

에귀디미디 전망대

이 보였다. 에귀디미디 전망대에서 하얀 계곡이라는 뜻의 발레블랑쉬 빙하로 내려가는 길이 시작됐다. 빙하를 건널 준비를 했다. 이 길은 험하기 때문에 반드시 전문 고산 가이드와 동행해야 한다.

아침 8시의 햇살을 받으며 그림 같은 설산을 내려가기 시작했다. 한 사람이 겨우 지나갈 만한 좁은 눈길 위, 왼쪽도 오른쪽도 천 길 낭떠러지다. 이 좁은 길에 빙하의 갈라진 틈인 크레바스가 있다. 옆으로 미끄러져도 안 되지만 발을 헛디뎌 크레바스에 빠지거나 몸무게를 이기지 못하고 크레바스가 무너지면 끝을 알 수 없는 구멍 속으로 추락하고 마는 위험한 길이었다. 내 뒤에는 이번 여행의 코디네이터인 스위스 교포 이남경(릴리) 씨와 알프스 전문 가이드 이브 씨가 바짝 붙어 따라왔다. 덕분에 아찔한 구간을 무사히 지나갈 수 있었다.

우리가 내려온 에귀디미디 전망대 밑으로 아주 훌륭한 암벽 등반 루트가 있었다. 유명 산악인 가스통 레뷰파가 1956년 처음 오른 길로 레뷰파 루트라 부르며 전 세계 등반가들이 즐겨 찾는 고전적인 루트다.

하얀 계곡이라는 뜻의 발레블랑쉬 빙하는 그 이름에 걸맞게 눈부신 흰색의 아름다움을 보여줬다. 아까 지나온 것보다 좀 더 큰 크레바스가 나오는가 싶더니 이번엔 빙하가 급경사로 흘러내려 생긴 지형인 아이스폴도 있다. 또다시 크레바스가 이어진 아이스폴 지대를 지난다. 이곳을 오를 때 가장 조심해야 할 것은 세락serac이라는 빙탑 모양의 얼음덩어리다. 세락은 빙하의 흐름에 의해 생기는 불안정한 얼음으로 언제든 무너질 수 있다.

크레바스나 세락의 위험만 조심하면 발레블랑쉬는 정말 아름다운 알프스의 비경을 선사해준다. 눈구름에 둘러싸인 몽블랑 정상은 더할 나위 없이 아름답다. 조금 더 오르막길을 올라 프랑스와 이탈리아의

발레블랑쉬 빙하로 내려가는 계곡

국경인 능선에 도착했다. 자연이 만든 우아한 곡선에 감탄했다.

이탈리아 푸엥트엘브로네(3,466m)에 있는 전망대에서 케이블카를 타고 하산하기로 했다. 케이블카 아래로 걸어오는 사람들이 보였다. 빙하가 급격하게 흘러내린 아이스폴 지대의 거대한 얼음 조각 세락들과 첨봉들이 그림처럼 펼쳐졌다. 개미처럼 걸어오는 사람들을 보니 이 길을 걸어왔다는 게 믿어지지 않았다.

샤모니로 내려와 건너편에 있는 브레방 전망대에서 베이스점프를 준비하는 젊은이들을 만났다. 베이스점프는 날다람쥐 모양의 윙슈트를 착용하고 절벽에서 뛰어내리는 것이다. 사상률 62%에 이르는 지구상에서 가장 위험한 스포츠로 눈앞에서 직접 떨어지는 모습을 보려니 긴장됐다. 해발 2,525m의 전망대에서 샤모니까지의 고도 차는 약

1,500m다. 그들은 윙슈트를 펼치고 1,500m를 나비처럼 날았다. 카메라가 따라갈 수 없을 만큼 빠르게 날아가더니 최대한 지상 가까이까지 비행하다가 마지막 순간 낙하산을 펴고 안전하게 착륙했다.

다시 샤모니로 내려오니 몽블랑 울트라 트레일 준비로 온 마을이 북새통이었다. 몽블랑 주위 170km 거리에 누적 고도차 1만m를 달리는 경주다. 지금 이 경주를 포함한 총 5개의 코스에 87개국에서 온 선수 9,423명이 참가했다. 2003년에 처음 시작한 세계인의 축제다.

경주 참가자들이 밤낮으로 달리는 사이 나도 나만의 도전을 위해 패러글라이딩을 해보기로 했다. 내 도전은 해발 고도 3,275m의 그랑몬테 빙하 끝에서 시작됐다. 겹겹의 안전장치가 긴장감을 더했다. 간단하게 교육을 받고 바로 비행에 나섰다. 드디어 공중으로 날았다. 환호성이 절로 나왔다. 발밑으로 메르 드 글라스 빙하가 보였다.

그 뒤로 펼쳐지는 기암괴석들과 눈 덮인 알프스의 바위 산. 그 모든 것이 내 발 아래 있었다. 계곡 사이로 샤모니가 보였다. 건물들과 운동장이 장난감 같았다. 착륙지인 풀밭으로 새처럼 가볍게 착륙했다. 생애 첫 패러글라이딩은 대성공이었다. 함께 비행을 한 패러글라이딩 전문가는 세계 챔피언까지 한 최고의 실력자다.

몽블랑 익스프레스와 함께한 이번 여행에서 나는 많은 것을 보았고 느꼈고 체험했다. 더할 나위 없이 행복했던 나의 알프스 여행은 이렇게 평생 간직할 추억으로 남았다.

함께 때로는 홀로

벨기에 / 네덜란드 / 독일

모자이크로 멋진 화음을 : 벨기에 브뤼셀

튤립의 탄생 : 네덜란드 암스테르담

햄버거의 고향, 운하의 도시 : 독일 함부르크

작지만 다양한 민족이 모여 사는 벨기에는 1년에 750만 명의 관광객이 몰려오는 관광대국이다. 뜨거운 정열과 순박한 인심이 살아 있는 곳, 모자이크처럼 다양한 조각과 색깔들이 모여 멋진 화음을 만들어내는 아름다운 나라 벨기에로 가보자.

모자이크로 멋진 화음을

벨기에 브뤼셀

_ 김서호

MAISON ANTOINE

오줌싸개 소년 동상

벨기에는 경상남북도 정도의 작은 나라다. 수도 브뤼셀은 작은 파리라 불릴 정도로 아름다움을 간직한 문화도시다. 현대식 건물이 가득한 서쪽의 상업지역엔 유럽의 심장 유럽연합의 본부가 있다. 벨기에가 지리적으로 영국, 프랑스, 독일 등 서유럽 강대국의 중심부에 위치해 있기 때문이다.

빅토르 위고가 세계에서 가장 아름다운 광장이라 칭했다는 그랑플라스 광장에 섰다. 광장엔 시청사, 왕의 집, 길드 하우스 등 예술성 높은 건물이 집약돼 있어 브뤼셀 관광의 핵심이라 할 수 있다. 비가 오는 쌀쌀한 날씨에도 광장 주변은 전 세계에서 온 관광객으로 붐빈다.

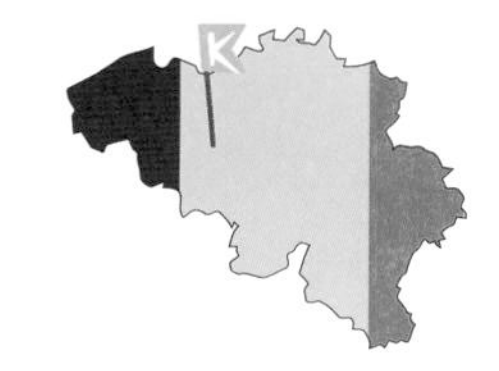

브뤼셀 Brussel

벨기에의 중심지이자 유럽연합의 본부가 있어 유럽의 수도로 불리는 곳
인구: 113만 9천 명
면적: 161.4km²

시청사 안에서 결혼식이 진행 중이다. 브뤼셀 시민은 시청사에서 결혼식을 올리고 혼인

서약을 해야 결혼을 인정받는다고 한다. 드디어 신랑 신부가 식을 마치고 2층 발코니로 나와 광장에 모습을 드러냈다. 둘 다 모로코 출신이라는데 신부의 손에 문신이 가득하다. 하객들까지 문신을 했다. 모로코에서는 결혼식 전에 신부가 여자 친척들과 가까운 여자친구들에게 손과 발에 헤나로 문신을 받는 풍습이 있다고 한다. 신랑 신부가 비둘기를 날릴 준비를 한다. 모로코에서 비둘기는 자유, 사랑, 행복을 뜻한다고 한다. 손을 잡고 크게 원을 그린 관광객들은 모두 이들 부부의 새 출발을 축하해준다.

오줌싸개 소년 동상이 보인다. 브뤼셀이 전쟁으로 불탔을 때 한 소년이 오줌으로 불을 꺼 도시를 구한 것을 기념해 만들었다는 일화가 있다. 오줌싸개 소년이 청소의 날을 맞아 청소부 복장을 하고 브뤼셀 청소부들과 시간을 같이한다. 춤과 음악이 분위기를 띄운다. 오전에 청소부 복장을 했던 오줌싸개 소년이 오후가 되자 벨기에의 민속의상으로 갈아입었다. 오줌싸개 소년 동상 앞에서는 매일매일 새로운 이벤트가 펼쳐진다. 작은 동상 하나에도 이야깃거리를 제공해 세계적 관광명

오줌싸개 소년 동상

물로 만들어내는 벨기에 사람들의 지혜가 돋보였다.

초콜릿 쇼핑과 홍합탕 먹기

그랑플라스 광장 맞은편에 있는 한 쇼핑센터 세인트 하버트 로열 갤러리는 지은 지 150년이 넘는 고급 아케이드다. 이곳에선 간단한 식사와 함께 시계 등 각종 명품을 판매한다. 쇼핑센터에서 가장 인기를 끄는 것은 단연 초콜릿이다. 세계적 브랜드의 초콜릿 회사들이 내놓은 예쁜 디자인의 초콜릿부터 수작업으로 만든 저렴한 초콜릿까지 초콜릿 종류가 셀 수 없이 많다. 벨기에를 방문하는 사람들이 선물용으로 가장 많이 구입하는 것이 바로 초콜릿이다.

과거에 정육점의 거리였는데 지금은 먹자골목이 된 부셰거리를 가봤다. 브뤼셀에서는 유일하게 호객꾼이 있는 식당가다. 홍합탕은 식당가의 대표적 메뉴다. 초콜릿을 구입하고 이곳에서 홍합탕을 먹어봐야

세계적인 초콜릿 국가답게 각양각색의 초콜릿 상품을 판매한다

부셰거리의 대표 메뉴 홍합탕

비로소 브뤼셀 관광을 한 것이라고 한다. 사실 홍합은 벨기에에선 나지 않고 전량 네덜란드의 북해 등에서 수입해온다. 감자튀김과 함께 먹으면 음식 궁합이 제대로다. 홍합탕을 맛있게 먹는 방법은 포크 대신 홍합껍질을 집게처럼 이용해 홍합살을 꺼내 먹는 것이다.

벨기에는 전 세계에서 가장 다양하고 특색 있는 맥주를 생산하는 나라다. 그랑플라스 광장 맞은편의 한 호프집에 들어갔다. 2천 종이 넘는 맥주를 갖추고 있어 이 부문 세계 기록을 보유하고 있는 집이다. 지하에 있는 맥주 창고에는 세계 각국의 맥주가 보관돼 있다. 한국 맥주도 눈에 띄었다. 벨기에는 1인당 맥주 소비량이 세계 3위로 꼽힐 정도로 물보다 맥주를 많이 마시는 나라다. 심지어 수도원에서도 맥주가 생산된다. 부셰거리는 맥주를 마시는 관광객들과 흥겨운 음악이 어우러져 또 다른 모습을 보여준다.

5월부터는 낮이 길어져 밤 9시는 돼야 야경을 볼 수 있다. 그랑플라스의 밤은 12시가 다됐는데도 열기가 식을 줄 모른다.

물의 도시 벨기에의 브뤼헤

화물선을 개조한 벨기에 주택

브뤼셀에서 물의 도시 브뤼헤로 향한다. 푸른 보리밭을 지나니 유채꽃이 노란 물결을 이룬다. 유채는 기름으로 인기여서 벨기에 곳곳에서 많이 경작되고 있다. 브뤼헤는 13~14세기 서유럽 중세도시로서 최고의 명성을 올린 곳이다. 이곳엔 수로가 곳곳에 뻗어 있어 도시 어디서나 물을 만날 수 있고, 그래서 보트 투어가 인기다. 시간이 멈춘 듯 도시는 13세기 중세 모습을 그대로 보여준다. 10년 이상 보트를 운전했다는 노련한 선장이 사진을 찍고 있는 관광객에게 앉으라고 주의를 준다. 높이가 1.5m도 안 되는 작은 다리가 계속해서 나타나고 거리를 오가는 사람들의 다양한 모습을 바라보는 것도 보트

브뤼헤의 보트 투어

투어의 묘미다.

신의 집이라고 알려진 곳으로 가봤다. 이름 때문에 교회 시설 중 하나라고 짐작했는데 가난한 사람들을 위해 부자들이 지은 집이었다. 예전에 부자들은 모범적인 삶을 살고 천국행 티켓을 얻고자 이런 집을 만들어 가난한 사람들에게 무료로 제공했다. 거주자들은 이곳에서 기도만 하면 됐다. 당시 부자들은 이 집을 만들 때 정원을 함께 제공해 채소 등을 심을 수 있도록 배려했다. 지금도 이 집들은 브뤼헤의 영세민들을 위해 저렴한 임대료로 제공되고 있다.

지금은 사용되지 않는 운하에 떠 있는 꽤 많은 화물선들은 모두 주거용으로 개조된 배들이다. 이렇게 화물선을 개조한 주택이 벨기에에 1,500개 정도 있다고 한다. 내부로 들어가니 주방이 나왔다. 일반 주택

화물선을 개조한 주택

의 주방과 비교해도 손색이 없다. 아래층에 위치한 응접실 또한 아늑한 느낌이다.

벨기에와 네덜란드 땅이 모자이크처럼 섞여 있는 바를러

매년 4월말 벨기에 동부 리에 주에서는 국제 사이클 대회가 열린다. 개최된 지 100회가 넘은 유서 깊은 대회다. 유럽의 유명 선수들이 총 출동했다. 멀리 폴란드에서까지 응원을 왔다. 사이클은 축구와 함께 유럽에서 최고 인기를 얻고 있는 스포츠다. 바스톤뉴까지 258km를 하루에 돌아오는 경기가 시작됐다.

리에 주에서 열리는 국제 사이클 대회

죽음의 구간이라고 불리는 라후드트 구간은 25도의 급경사 구간으로 여기서 승부가 결정된다는 악마의 코스란다. 경기를 보기 위해 2~3일 전부터 캠핑을 하는 사람도 있다. 이미 도로는 언덕 아래쪽부터 정상 부근까지 응원하는 사람들로 가득 메워졌다. 광고를 시작한다는 알림 차량이 들어오고 이어서 유럽 굴지의 회사에서 나온 각종 판촉 차량이 지나간다. TV 중계용 헬기가 몇 대 나타나자마자 곧바로 선두권 선수들의 모습이 보인다. 사람들은 이를 악물고 역주하는 모든 선수들에게 아낌없이 박수를 보낸다. 우리의 거리 응원처럼 대형 화면을 보며 열광하는 사람들도 많다. 벨기에는 도심은 물론 한적한 시골에서도 아름다운 풍광을 즐기며 자전거를 탈 수 있도록 도로가 잘 조성돼 있다.

네덜란드 접경 도시 바를러로 향한다. 가로수 터널이 여행의 피곤함을 씻어준다. 네덜란드에 도달했는가 싶더니 다시 벨기에다. 바를러라는 도시는 벨기에와 네덜란드 지역이 모자이크처럼 섞여 있는 곳이다. 도시 곳곳에 국경선이 그어져 있다. 주차장 한가운데로도 국경선이 지나간다. 차량이 지나가자 내비게이션이 국경을 넘고 있음을 알려준다. 건물 한가운데로 국경이 지나가는 경우도 있다. 어머니와 아들이 함께 거주하는 집 앞에도 국경선이 그어져 있다. 이 집 역시 대문을 중심으로 국경이 나뉘어 있다. 아들은 네덜란드에, 어머니는 벨기에에 각각 세금을 낸다. 길에서 만난 한 주민은 자신의 집 역시 마당 한가운데로 국경이 지나간다며 집은 벨기에, 정원은 네덜란드 영토라고 한다.

국경이 복잡해서 생활하는 데 불편함은 없을까? 이들에게 국경은 단지 세금을 내는 대상국 정도의 의미밖에 없다고 한다. 3분마다 국경을 넘는 것을 알리는 내비게이션 소리가 왠지 메아리처럼 공허하게 들렸다.

바를러의 국경선이 복잡한 이유

바를러는 중세시대에 신성로마 제국에 속하는 브라반트(현 벨기에 중부지역) 공국 지역의 땅이었다. 13세기에 브라반트의 한 공작이 브레다(현 네덜란드 남부지역)의 남작에게 땅을 내리면서 비옥한 곳만 골라 자신의 것으로 남겨두었다. 이후 땅을 받은 남작이 나사우의 백작이 되면서 그의 영지는 바를러나사우(지금의 네덜란드령)가 되고, 브라반트 공작이 남겨둔 영지는 바를러헤르토크(지금의 벨기에령)가 되었다고 한다. 1830년 벨기에가 네덜란드로부터 독립하는 과정에서 국경선이 문제가 되었는데 결국에는 지금의 국경선이 형성되었고 이 마을은 두 나라가 공동 관리한다.

나폴레옹이 패전한 워털루 전쟁

워털루 전쟁은 나폴레옹이 프랑스 국경을 넘어 브뤼셀 부근에서 영국과 프로이센 군대와 맞붙은 전쟁이다. 전쟁의 승자는 영국의 웰링턴 장군이지만 사람들은 패자 나폴레옹을 더 많이 기억한다. 워털루 지역은 세계에서 전쟁 유적지가 가장 잘 보존돼 있는 곳 중 하나로 어떤 건축 행위도 허가를 받을 수 없다고 한다. 유적지에 마련된 360도 파노라마관은 당시 전투 상황을 커다란 그림으로 실감나게 전달해준다. 실제 전투와 일치하도록 동서남북의 방위까지 정확히 고증했다고 한다.

벨기에에서 최고 인기를 얻고 있는 셰프가 있는 한 레스토랑을 찾았다. 브뤼셀 남동부의 작은 마을에서 '래르 뒤 탕'이라는 레스토랑을 운영하는 사람은 한국인 입양아 출신의 상훈 드장브르Sang-hoon Degeimbre다. 이 레스토랑은 벨기에 사람 누구나 가보고 싶어하는 곳이다. 점심시간이 되자 예약된 손님들이 찾아왔다. 식당에서 사용하는 채소 중 많은 양을 레스토랑 앞 넓은 텃밭에서 채취한다.

워털루 전쟁 유적지와 사자상

유럽 최고 셰프 중 한 명으로 꼽히는 한국인 입양아 상훈 드장브르

그는 다섯 살에 벨기에에 입양돼 유럽에서 요리를 배웠지만 한국 요리에도 관심이 많다. 2010년엔 한식홍보대사로 임명되기도 했다. 최근엔 한국식 발효식품에 관심이 많아 된장과 간장을 만들려고 한국에서 메주도 가져왔다. 집에서는 비빔밥, 잡채, 라면, 보쌈 육회를 자주 해먹고, 주문이 들어오면 식당에서 만들기도 한다고 한다.

20점 만점에 18점을 받은 이 식당은 유럽 최고 24개의 식당 중에 하나로 선정되었다. 100만 개가 넘는 유럽의 레스토랑 중에서 24위 안에 뽑힌 것이다. 정작 상훈 씨는 순위는 그저 순위일 뿐 몇몇 사람의 의견이라며 겸손하게 말한다. 물론 먹기 위해서 요리를 하지만 요리란 자기표현의 일종이며 예술의 한 분야라는 철학을 가지고 있다. 따라서 자신이 원하는 방식으로 표현하는 것이 중요하다고 덧붙인다.

고흐가 화가가 되기로 결심한 도시

프랑스 국경에 위치한 에노 주의 주도 몽스는 브뤼셀과 파리를 연결하는 교통의 요지다. 몽스의 건물 유리창에는 유난히 그림이 많이 보이는데, 그 이유가 흥미롭다. 세금을 건물 면적이 아닌 유리창 개수로 부과했던 탓에 세금을 덜 내기 위해 창문을 벽으로 만들어 막고 창문이 있던 자리에 그림을 걸게 되었던 것이다.

몽스 Mons

벨기에에서 프랑스어를 쓰는 왈롱 지역에 위치
인구: 9만 4,964명
면적: 146.6km²

몽스는 유럽의 문화수도로 지정되었던 도시다. 네덜란드 출신인 반 고흐는 1878년부터 2년간 몽스에 체류했다. 이곳에서 고흐는 석탄공장 노동자들의 비참한 삶을 보며 성직자 생활을 포기하고 화가의 길을 걷기로 결심한다. 고흐의 〈보리나지 석탄공장〉은 그가 몽

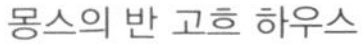
몽스의 반 고흐 하우스

튤립 하우스

스에 머물던 1879년에 스케치한 작품이다. 이후 고흐는 〈베틀 짜는 여인〉 등 노동자들의 어두운 면을 그림에 많이 담았다. 당시 살았던 집을 그린 작품도 있다. 고흐가 몽스에서 보낸 2년간은 길지 않은 기간이었지만 화가의 길을 걷는 데 중요한 전환점이 되었다.

몽스 대학교 앞에 커다란 책의 폭포가 보인다. 스페인 작가의 설치미술로 제목은 〈대학에서 나온 책들의 낙하〉였다. 작품 설치를 위해 몽투아 지방의 서적상들이 책을 기증했다. 인문과 자연과학 전문 도서 등 다양한 책들이 사용되었다. 관객은 소재로 사용된 책의 내용을 읽어볼 수 있다. 심지어 마음대로 만질 수 있다는 점이 일반 조형물과는 달랐다.

몽스의 문화유산으로 지정된 한 가정을 찾았다. 정원이 잘 가꾸어진 집으로 유명하다는 말에 내심 기대했는데 정문에서 집 안으로 들어갈 때까지도 정원이 보이지 않았다. 실망도 잠시 응접실을 통과해 뒤뜰로 나가자 튤립 1,300송이가 심어진 예쁜 정원이 펼쳐져 있었다. 3,300m²가 넘는 넓은 정원을 부부가 직접 관리한다고 한다. 가꾸는 재미가 남다르다는 부부는 1년에 한 번 정원을 공개해 이곳에 재배한 채소와 과일을 방문객들과 공유한다고 한다.

마리 앙투아네트의 침대가 있는 방

몽스에서 40분 거리에 위치한 벨로이 성은 14세기부터 드 린느 가문의 왕자들이 거주해온 성이다. 바로크풍의 정원은 프랑스 베르사유 궁전에서 영향을 받았다. 봄과 여름에만 외부인들에게 공개된다고 한다. 벨로이 성에서는 매년 부활절 시기에 맞춰 아마릴리스 꽃 전시회를 연다. 6천 송이의 아마릴리스가 성을 수놓는다. 내부로 들어가니 고풍스런 가구와 술병 모양의 독특한 디자인이 응접실과 묘한 조화를 이루고 있다. 18세기 프랑스 가구로 가득한 방은 왕자가 장군들을 맞이하는 방이다. 성의 주방과 왕자의 방 등 모든 공간이 아마릴리스로 장식되어 있다.

비운의 왕비라는 오스트리아 출신 마리 앙투아네트의 침대가 놓여 있는 방에 가봤다. 드 린느 왕자는 마리 앙투아네트의 직계 후손이다. 예술과 역사, 문화의 조화를 한 곳에서 감상할 수 있는 아마릴리스 꽃 전시회는 관람객들로 연일 만원을 이뤘다.

벨로이 성

벨로이 성에서는 매년 부활절 시기에 맞춰 아마릴리스 꽃 전시회를 연다. 6천 송이의 아마릴리스가 성을 수놓는다. 루이 16세의 왕비 마리 앙투아네트의 침대

벨기에에서는 어딜 가도 야외 공원을 볼 수 있다. 뿐만 아니라 백조 같은 새들도 아주 가까이서 볼 수 있다. 공원 근처에서 스틱을 사용하며 걷는 노르딕워킹을 하는 사람들이 보였다. 노르딕워킹은 크로스컨추리 선수들이 눈이 쌓이지 않은 여름에 훈련하던 방법에서 고안된 스포츠다. 스틱을 사용하며 걷는 노르딕워킹이 요즘 서유럽의 장노년층 사이에서 크게 유행하고 있다. 노르딕 모임을 따라가다 숲속에서 야생화 군락을 발견했다. 보라 빛깔의 수레국화가 지천으로 피어 있었다.

몽스 주변의 넓은 구릉지엔 소나 말을 키우는 목장이 많다. 특히 말은 이곳 사람들에게 단순히 가축이라기보다 애완견 같은 존재로 여겨진다. 초등학교 2~3학년쯤 된 아이가 말과 시간을 보내고 있다. 동물과의 교감이 아이들의 정서 순화에 큰 도움을 준다고 한다. 말을 예쁘게 꾸미는 일이 아이들에겐 일상적인 일이다. 승마와 말을 돌보는 것은 학교의 특별활동 프로그램으로 이루어지고 있다고 한다. 이곳 아이들이 말과 친구처럼 지내는 모습을 보며 한국 아이들의 모습이 새삼 떠올랐다.

색소폰을 발명한 아돌프 삭스

상브르 강과 뫼즈 강이 합쳐지는 곳에 위치한 나뮈르는 무역 수송로의 중간 지점에 위치해 중세시대부터 번영을 누렸다. 벨기에는 네덜란드어를 사용하는 플랑드르 지역과 프랑스어를

나뮈르 성채와 시 전경

사용하는 왈롱 지역으로 크게 나뉘는데 나뮈르는 왈롱의 중심지다. 네덜란드어권 지역에서 온 학생들은 대부분 왈롱 지역에서 사용하는 프랑스어를 이해하지 못한다.

나뮈르 관광의 1번지는 바로 나뮈르 성채다. 고대 로마시대에 처음 건설된 나뮈르 성채가 수차례 개축 끝에 오늘날의 모습을 갖추게 된 것은 1670년대다. 전략적 중심지에 위치해 있었던 나뮈르 성채는 제1, 2차 세계대전 당시 독일군에 가장 먼저 점령당했다. 두 차례 세계대전으로 처참하게 파괴되었던 나뮈르는 전후 재건되어 지금은 벨기에의 대표적 관광도시가 되었다.

나뮈르 시에서 뫼즈 강을 따라 30분을 내려가면 디낭이라는 도시가 나온다. 디낭 역시 제1차 세계대전 때 큰 피해를 본 도시다. 도시 한가운데 위치한 드골 다리 곳곳에 색소폰 조형물이 많이 설치돼 있어 일

색소폰을 발명한 아돌프 삭스

명 색소폰 다리라고도 불린다. 거리 여기저기 색소폰 관련 그림들이 장식돼 있다.

조르주 비제와 찰스 파커 등 음악가의 풋 프린팅이 자주 눈에 띄었다. 발자국을 따라가보니 아돌프 삭스의 동상이 세워진 아돌프 삭스 박물관에 닿았다. 벨기에 디낭 태생의 삭스는 풀룻과 클라리넷 연주자였다. 그러던 중 클라리넷과 금관악기를 조화롭게 연결하는 음색을 가진 악기를 만들고 싶었고 노력 끝에 색소폰을 발명했다. 당시 디낭은 구리 제조업 기술이 발달한 도시였다고 한다. 즉석 연주 요청에 흔쾌히 응한 청년 덕분에 아돌프 삭스의 고향에서 색소폰 연주를 감상할 수 있었다.

간척사업으로 저지대를 극복하고 17세기 대항해 시대를 열었던 선조들의 용기와 활력을 이어가는 나라, 국토 곳곳을 수로와 운하로 연결시키고 튤립 정원을 가꾸고 즐기는 나라, 지역 고유의 문화와 전통이 살아 숨쉬는 네덜란드로 떠나보자.

튤립의 탄생

네덜란드 암스테르담

— 김성기

물 위에 떠 있는 수상가옥

암스테르담에 가기 전에 튤립이 많이 재배되는 리세 지역을 거치기로 했다. 들녘으로 들어서자 펼쳐진 광경은 그야말로 색채의 향연이었다. 마치 튤립의 나라에 온 걸 환영이라도 하듯 꽃들이 방문객을 반겼다. 오랜 비행에서 온 피로감이 순식간에 사라졌다. 그림 같은 꽃밭 풍경이 곳곳에 펼쳐져 있었고 들녘 한쪽에는 히아신스 꽃밭도 조성되어 있다.

암스테르담 Amsterdam

크고 작은 운하와 다리가 사방으로 뻗어 있어 '북부의 베니스'라고 불림
인구: 81만 1천 명
면적: 637km²

네덜란드 서북쪽에 위치한 경제·문화의 중심 암스테르담은 암스텔 강에 둑을 만들고 세운 운하의 도시다. 북암스테르담 입구에 새롭게 문을 연 네덜란드 영화진흥관EYE Film Institute이 보인다. 암스테르담 관광이 시작되는 중앙역은 1889년에 세워진 고풍스러운 건물이다. 중앙역은 시내 모든 노선의 트램이

강변의 노천카페와 배들

지나고 사람들로 넘쳐나는 곳이다. 중앙역 앞쪽으로 유람선 선착장이 있다. 유람선을 타고 운하를 둘러보기로 했다. 도시의 4분의 1이 물로 채워져 있는 암스테르담은 5개의 큰 고리 모양의 운하가 도시 전체를 감싸면서 그 사이사이 작은 운하길이 거미줄처럼 이어져 있다.

운하의 도시답게 강변을 따라 지어진 노천카페에서 사람들이 담소를 나누고 있다. 운하에는 생각보다 많은 배들이 있었다. 선장이 갑자기 무선연락을 취했다. 많은 배들이 나오는 휴일에는 서로 부딪칠 수 있는 위험한 상황도 발생한다고 한다. 유람선 관광은 중간 중간에 타고 내릴 수 있다.

암스테르담 운하에는 1,400여 개의 다리가 있다. 그중에서 가장 유명한 마흐레 다리가 앞에 보인다. 20분에 한 번씩 양쪽이 들리는 도개

강변에 있는 수상가옥들

식 다리로 1670년에 세워져 일부 보수를 거쳐 지금까지 계속 사용되고 있다.

수상가옥이 밀집해 있는 곳을 지난다. 수상가옥들은 물위에 뜬 컨테이너 하우스처럼 꽤 흥미로워 보였다. 집주인에게 허락을 얻어 내부로 들어가봤다. 집 내부는 꽤 넓고 잘 꾸며진 공간이었다. 집주인의 말에 따르면 배 관리비를 시에 지불하면 도심에 살면서도 야외에 사는 듯한 기분을 만끽할 수 있다고 한다. 선착장 주변 배 위에서 휴일파티를 즐기고 있는 한 무리의 청년들이 눈길을 끈다. 조촐한 음식과 경쾌한 음악이 있는 파티. 운하 도시에서 누릴 수 있는 색다른 문화였다.

운치 있는 곳으로 알려진 프리센 운하 지역을 돌아보기로 했다. 폭이 좁은 운하까지 대형 유람선이 들어간다. 운하 주변의 카페는 시민

운하를 운행하는 유람선

도르래가 달려 있는 집들

들의 좋은 쉼터다. 이곳의 집들은 창문을 많이 내고, 지붕의 전면에 장식도 많이 한다. 모든 집들의 지붕 모양이 각양각색이다. 건물마다 위쪽에 물건을 올리는 도르래가 달려 있다. 내부 통로가 좁은 이곳에서 짐을 옮기려면 이런 장치가 필수라고 한다. 유서 깊은 석탑교회의 저녁 종소리가 울려퍼졌다.

이곳엔 나치의 유대인 박해로 희생된 안네 프랑크가 숨어 있던 집이 있다. 그 집 앞에는 소녀 안네의 조각상이 세워져 있다. 슬픈 광란의 역사가 비켜가지 못한 흔적이 남아 있다.

세계적인 꽃 축제
튤립 전시회

암스테르담에서 차로 40분 거리인 리세 지역에 쾨켄호프 공원이 있다. 네덜란드가 전 세계적으로 자랑하는 최고의 꽃 전시회가 열리는 곳이다. 아침부터 사람들이 몰려들기 시작했다. 아름드리나무들이 인상적인 공원이다. 나무들 사이사이 튤립 군락들이 시선을 사로잡는다. 3월 말부터 5월 중순까지 열리는 쾨켄호프 꽃 전시회는 유럽의 봄을 알리는 세계적인 꽃 축제다. 32ha의 면적에 네덜란드를 대표하는 튤립을 중심으로 수선화, 히아신스, 백합 등 구근류 꽃들이 700만 송이나 심어져 있다. 이 꽃 전시회에는 숲속 공원과 어우러진 다양한 형태의 정원도 펼쳐져 있다. 쾨켄호프는 세계에서 가장 아름다운 봄의 정원이다.

쾨켄호프 꽃 전시회의 역사는 1949년 리세 시장이 쾨켄호프 공원 일대를 꽃 정원으로 만들면서 시작됐다. 전시가 열리는 8주간 매년 80만 명이 넘는 관광객이 전시장을 찾는다고 한다. 그중에서 75% 이상이 외국 방문객이다. 방문객들은 카메라 셔터를 누르기에 여념이 없다.

17세기에 있었던 네덜란드 튤립 투기 열풍은 역사적으로 잘 알려진 사실이다. '튤립공황'이라고 불리는 그 사건은 튤립 알뿌리의 선물거래와 투기, 가격폭락으로 이어져 심각한 경제 문제를 낳았었다. 국가의 개입으로 차츰 정상화를 되찾아 이젠 네덜란드의 상징이자 문화상품이 됐다. 그동안 네덜란드에서 만들어낸 튤립 변종만 해도 300종이 넘는다. 검정색 튤립까지 나왔다. 쾨켄호프 꽃 전시회는 네덜란드 꽃 문

쾨켄호프 꽃 전시회에 심어놓은 각종 꽃들

화의 정수를 보여주는 행사였다.

공원 한쪽에는 국내외 저명인사들의 이름을 튤립에 지정해놓은 공간이 보였다. 네덜란드 사람들의 튤립 사랑이 엿보였다. 전시장에 있는 튤립 구근을 예쁜 종이 상자에 포장해 팔고 있는 가게에 들렀다. 튤립 구근 하나 하나의 가격과 특징을 담은 팸플릿을 들쳐보니 꽃 모양, 이름, 색깔, 특징 등 수백 종의 튤립들이 상세히 소개되어 있다.

공원을 나서는데 흥겨운 음악소리가 들렸다. 다채롭게 치장한 차에서 나는 소리였다. 호기심에 차 뒤편으로 가봤더니 특이한 악기의 주인인 듯한 사람이 CD를 팔고 있었다. 그는 네덜란드에서 꽤 알려진 오르골(네덜란드어로는 오르겔) 장인이었다. 그 특이한 악기는 드라이오르

쾨켄호프 꽃 전시회에 튤립

겔로 네덜란드에서 1875년에 고안된 거리의 오르골이다. 한 곡당 책 한 권으로 엮어서 구멍이 뚫린 신호체계에 따라 연주가 가능하도록 만들어졌다. 그가 만든 200여 종의 음반이 잘 팔리기를 기원하며 자리를 떠났다.

풍차의 힘을 이용한 풍차 제재소

고유한 문화와 전통이 많이 남아 있는 북부 프리슬란트로 향했다. 젖소의 왕이라는 홀스타인의 원산지가 바로 프리슬란트다. 초원과 젖소와 풍차가 어우러진 목가적인 풍경이 프리슬란트의 이미지다.

목적지로 가던 중 재미난 모습이 눈에 띄어 급히 차를 세웠다. 차도 위쪽으로 배가 지나간다. 운하가 차도 위쪽에 있다니 신기하고 흥미로웠다. 곳곳에 수로와 운하가 많은 이곳에 차도가 나중에 생기면서 이런 풍경이 연출된 것이다. 네덜란드에서만 볼 수 있는 풍경일 것이다.

프리슬란트 Friesland

네덜란드 북서부의 주. 목축업과 요트 관광업이 발달
인구: 64만 6,300명
면적: 3,349km²

요트 제작소가 많이 있는 헤이흐 지역을 찾아갔다. 이곳에 프리슬란트 전통 배를 제작하는 장인이 있다. 피어르 피어스마 씨는 20세였던 1970년부터 프리슬란트 전통 배를 만들어온 몇 안 되는 장인이다. 인사를 나누자 그는 곧장 '피어스마 전통 배 제작소'라는 간판이 내걸린 건물 안으로 안내했다.

그는 먼저 뱃머리에 총이 달린 작은 배를 소개했다. 오리나 거위를 잡던 100년도 넘은 배라고 한다. 그는 벽면에 모형 배를 전시해 전통 배의 종류를 한눈에 알 수 있게 해놓았다. 프리슬란트 전통 배는 큰 돛과 선체가 둥글고 깊이가 낮다. 무엇보다 두드러진 특징은 옆으로 날개 키가 달린 것이다. 피어스마 씨는 네덜란드 전통 배에 관한 다양한 역사적 자료들을 수집하고 있었다. 1918년에 만들어진 오목하게 생긴 배도 보여줬다. 배가 기울어져도 바닷물이 선체로 들어오지 않는다고 한다. 그는 요즘 아들과 함께 작업하고 있다. 전통 배 제작이 3대째 이어지고 있는 셈이다.

요트 제작소가 많은 프리슬란트는 배들이 모여드는 곳이다. 운하가 발달된 네덜란드에서 요트 타기는 많은 사람들의 취미이자 생활이다. 차로 길을 가다가도 멈춰서야 하는 일이 자주 생긴다. 다리를 들어 배를 통과시켜야 하기 때문이다. 운하의 나라라는 것이 실감이 났다.

운 좋게도 이번 여행 중 '풍차의 날'을 맞았다. '차스커'라 불리는 작은 풍차는 프리슬란트 특유의 배수용 풍차다. 그런가 하면 풍차의 힘으로 나무를 자르는 제재용 풍차도 있다. 아일스트 지역에 있는 드랒 풍차 제재소를 찾아갔다. 이 제재소는 풍차를 이용해 목재를 자른다. 바로 운하로 이어지는 곳에 지어져 있었다. 풍차 안은 벌써 많은 사람들이 들어와 있었다. 풍차의 날을 맞아 일반인들에게 풍차의 내부를 개방한 것이다.

굵은 나무가 풍차에 연결된 세 겹의 톱날에 의해 켜졌다. 풍차로 나무를 자르는 것도 그렇지만 풍차가 지닌 힘이 이렇게 클 줄은 상상도 못했었다. 300년이나 된 풍차 구조물이 아직도 이렇게 작동되는 것도 믿기지 않았다. 풍차의 최대 회전 속도는 1분당 24회 정도라고 한다. 이 같은 제재용 풍차가 네덜란드에서는 이미 1600년경에 만들어졌다고 하니 놀라지 않을 수 없었다.

차스커

300년 된 드랏 풍차 제재소

이 제재소는 풍차를 이용해 목재를 자른다. 굵은 나무가 풍차에 연결된 세 겹의 톱날에 의해 잘린다.

황금시대를 대표하는 빛의 화가

다시 암스테르담으로 돌아갔다. 뮤지엄 광장은 네덜란드 문화 예술의 중심지다. 네덜란드 최고의 미술관인 국립 레이크미술관과 독특한 외관이 인상적인 반 고흐미술관이 자리하고 있다. 세계 최고의 오케스트라로 손꼽히는 콘체르트허바우 전용 홀이 광장 한쪽을 지키고 있다. 뮤지엄 광장은 무엇보다도 탁 트인 넓은 잔디밭이 마음을 편안하게 해주었다. 이 광장은 젊음과 자유가 넘쳐나는 여유로운 시민들의 공간이다. 레이크미술관 앞에 재미난 조형물이 있다. 암스테르담의 발음 'I am sterdam.' 을 재치 있게 표현했다.

17세기에서 19세기까지의 네덜란드 회화를 방대하게 소장하고 있는 레이크미술관을 둘러보고 싶었다. 1885년 개관한 이곳은 2003~2013년 동안 약 5천억 원이 넘는 예산을 들여 이루어진 리모델링 공사를 끝내고 새로운 면모를 선보였다. 평일임에도 많은 사람들로 붐볐다. 전시장은 지하 1층과 지상 3층으로 구성되어 있고, 많은 사람들이 찾는 곳은 역시 17세기 회화관이다. 17세기 회화관은 렘브란트 반 레인을 비롯해 요하네스 페르메이르, 프란스 할스 등 17세기 네덜란드 회화의 대표적 작가들의 작품들이 전시되어 있다.

17세기 네덜란드 황금시대를 대표하는 작가는 역시 빛의 화가 렘브란트다. 효과적인 빛의 사용과 강렬한 명암 대비로 한 시대를 풍미했던 화가다. 우리에게는 그의 〈자화상〉이 많이 알려져 있다. 말년에는 자신을 탐색하는 자화상을 많이 그렸다고 한다. 17세기 전시관에서 가장

렘브란트의 〈야경〉을 관람하는 많은 사람들

많은 발길을 모으는 곳은 역시 전시관 중앙에 자리한 렘브란트의 〈야경〉이다. 레이크미술관을 대표하는 이 작품은 암스테르담 민병대의 초상화로 렘브란트 특유의 강렬한 명암대비가 돋보이는 대표적 걸작이다.

전시관을 둘러보며 미술관에 소장된 수많은 네덜란드 화가들과 그 작품들의 수에 압도됐다. 네덜란드는 17세기에 황금기였고 세계에서 가장 힘 있는 부자 나라였다. 덕분에 화가들이 성장할 수 있었고, 많은 사람들이 화가가 되기를 꿈꿨다. 당시는 수만 명이 넘는 화가들이 활동하며 세기의 걸작을 창조하던 시기였다.

많은 사람들로 붐볐던 도심에 밤이 찾아왔다. 도시의 푸른 밤이 아름다웠다. 밤의 운하는 더욱 운치 있다. 반 고흐의 그림 같은 야경을 지켜본다. 여행은 만남이다. 여행을 성심껏 도와준 사람들 모두가 네덜란드와 함께 기억될 것이다.

비틀즈가 무명시절 꿈을 키우고 열정을 바친 곳, 전 세계인들의 입맛을 훔친 햄버거가 탄생한 곳. 건물 사이로 흐르는 알스터 호수의 물결을 따라 교향악의 거장 브람스의 선율에 빠져보고 햄버거의 원조 타타르 스테이크를 맛볼 수 있는 우아한 수상도시, 함부르크로 떠나보자.

햄버거의 고향, 운하의 도시

독일 함부르크

_이송은

300년 전 기중기를 쓰는 양탄자 도매상

독일 최대의 항구도시인 함부르크. '물의 도시'라고도 불리는 이곳은 풍부한 녹음과 도심 곳곳에 길을 터놓은 운하들이 조화를 이루며 매력적인 풍경을 자아낸다. 시내 중심에는 184ha의 거대한 크기를 자랑하는 함부르크의 상징, 알스터 호수가 자리 잡고 있다. 서울시보다 조금 큰 면적이지만 도시 전체 면적의 10%가 강과 호수로 이루어져 있고 녹지비율도 18% 이상이다. 그야말로 물과 자연이 함께 호흡하는 도시다. 녹지와 강이 있어 공기가 맑고 신선하다. 여름에 찜통더위로 시달리는 베를린과 비교할 수 없을 만큼 쾌적하고 멋진 곳이다. 함부르크에서는 바다를 만날 수 없다. 대신 북해로 흐르는 엘베 강이 있다.

함부르크 Hamburg

베를린에 이은 제2의 대도시로 독일 최대 무역항이자 축구의 중심지
인구: 180만 명
면적: 755km²

항구를 둘러보기 위해 사람들을 따라 배

슈파이어슈타트 지역

에 올랐다. 다른 지역에선 느낄 수 없는 색다른 경험과 매력에 취해보려는 사람들로 이미 배는 만석이다. 배를 타고 느릿하게 도시를 즐긴다. 선적을 기다리는 커다란 배가 함부르크 항의 오늘을 그대로 보여준다. 그다지 비싸지 않은 요금으로 하루 종일 배를 타고 도시 곳곳을 이동할 수 있으니 관광객뿐만 아니라 시민들도 많이 이용한다. 엘베 강에서 함부르크 시내까지는 운하로 연결되어 있다. 운하로 들어서면 만날 수 있는 거대한 수문은 알스터 호수와 엘베 강의 수심 차이 때문에 생긴 것이다.

빨간 벽돌 건물이 인상적인 슈파이어슈타트 지역에 도착했다. '향수의 도시'라는 뜻을 가진 이곳은 예전부터 물건을 싣고 내리는 창고로 쓰였던 곳이다. 지금은 수심이 낮아져 유람선만 출입할 수 있다. 300년

양탄자를 올리기 위해 가게마다 기중기가 매달려 있다

전의 역사여행을 온 것 같은 옛 건물들의 풍경이 이채롭다. 낡은 건물을 그대로 사용하는 검소함과 견고하게 지어놓은 조상들의 지혜가 모여 오늘날의 풍경을 만들었다.

고층에 양탄자를 올리는 작업을 하는 차가 보인다. 이곳에서는 아직도 300년 전에 만든 기중기를 사용하고 있다. 동력 엘리베이터를 최초로 만든 독일에서 펼쳐지는 광경이라 조금은 낯설다. 3층 높이에서 아무런 안전장치 없이 양탄자를 받는 주인의 모습에 내가 더 긴장된다. 위험한 일이라 항상 조심해야 한다고 한다. 이들이 운반하는 것은 이란제 양탄자. 이곳 창고 대부분이 전 세계에서 모인 양탄자를 도매하는 가게들이다. 아시아와 유럽의 주요 교역품인 양탄자는 함부르크를 통해 유럽인들의 필수품으로 자리 잡고 있다. 함부르크는 물론 전 세

계로 양탄자를 수출한다고 한다.

양탄자를 보고 나서 함부르크의 활기찬 분위기를 느끼기 위해 일요일에만 열리는 특별한 어시장을 찾아나섰다. 어시장은 예전 국경지역이었던 함부르크 항에서 일요일에만 국경을 열어 시장을 개방한 것에서 유래됐다. 이른 아침부터 사람들의 손놀림이 분주하다. 싱싱한 생선들을 보며 함부르크가 항구도시임을 실감한다. 60년째 장사를 하고 있다는 생선버거 가게를 찾아갔다. 싱싱한 생선과 해산물을 고루 섞어 버거를 만들고 있었다. 이곳에서 판매되는 생선버거만도 20여 종으로 다양한 맛뿐만 아니라 골라먹는 재미까지 있다.

누군가에겐 새벽을 여는 아침식사가 되고, 또 누군가에게는 밤늦은 시간의 행복한 야참이 된다. 생선버거를 파는 상인의 말이 인상적이었다. "버거가 두 종류뿐이라면 두 가지 취향의 고객들에게만 다가갈 수 있지만, 스무 가지 종류의 버거가 있으니 스무 가지 취향의 고객들에게 다양하게 팔 수 있어 좋다."

이른 새벽에 시작된 시장은 아침 해가 밝아오면 파장을 한다.

햄버거의 기원

미카엘 교회 옆 작은 길은 일명 '과부들의 거리'로 불리는 곳이다. 사람들이 겨우 드나들 수 있는 작은 골목 양쪽에 자리한 집들은 모두 함부르크 시가 정책적으로 지은 것이다. 항구의 특성상 많은 남자들이 바다에 나갔다 돌아오지 못하자 미망인들이 생활할 수 있는 공간을 마련해준 것이다. 특이한 것은 10여 채가 넘는 집이 하나의 굴뚝으로 이어져 있다는 것이다.

3층 높이의 한 건물에 들어가봤다. 이곳은 최근까지 독신자 양로원으로 사용되다가 지금은 아무도 살지 않는다고 한다. 300년 전 만들어진 기중기가 이 건물의 역사를 말해주는 것 같다. 홀로 남아 여생을 보내는 사람들끼리 외로움을 달래고 의지하며 살아갔으리라. 안으로 들어서자 좁은 공간의 식당이 보였다. 단출한 주방기구와 하나뿐인 의자가 홀로 남은 외로움을 그대로 보여준다.

천장이 어른 키 높이만 한 2층이 이들이 주로 생활했던 공간이다. 침대 하나가 있을 뿐 건물에는 화장실이 없다. 밤늦게 화장실을 찾는 것

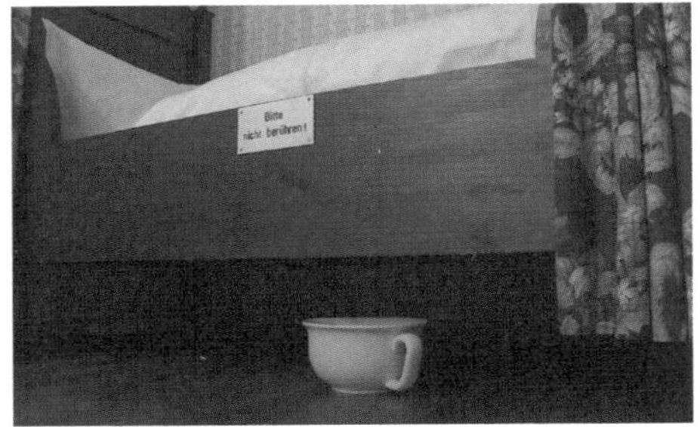

'과부들의 거리'

도 이들에겐 어려운 일이었을 것이다. 그래도 남편과 사별한 후 일자리가 없는 막막한 상황에서 편안하게 지낼 안식처를 얻었으니 그들에겐 다행이었을 것이다. 외롭지만 그들만의 이야기와 삶의 숨결을 나누며 살아간 공간이라 그런지 따스함이 느껴졌다.

호수 모퉁이에 자리한 햄버거 가게로 발걸음을 옮겼다. 함부르크 전통 햄버거를 파는 곳이다. 햄버거의 고향 함부르크에서 먹는 햄버거의 맛이 궁금해진다. 패스트푸드점에서 파는 햄버거보다 훨씬 크다. 이른 아침에 숙소를 나와 도시를 돌아다니다 늦은 점심으로 먹는 햄버거는 꿀맛이다.

함부르크 전통 햄버거

햄버거의 기원을 알아보기 위해 함부르크 전통식당을 방문했다. 햄버거의 특징은 바로 '갈아 만든 고기'에 있다. 이것은 몽골인들이 유럽 원정 때 식량으로 사용했던 음식이다. 함부르크에서는 잘게 다진 생고기에 계란 노른자를 얹어 먹는 유럽식 육회를 '타타르 스테이크'라 부른다. 하지만 생고기로 만든 이 요리는 함부르크 사람들의 입맛을 사로잡기에 부족했다. 그래서 생각해낸 방법이 바로 갈아둔 고기를 불에 굽는 것!

햄버거는 당시 햄버거를 먹었던 함부르크 사람들을 뜻하는 말이다. 전통식당의 요리사에 따르면 돼지고기에 타타르를 섞어 구워먹게 되면서 오늘날의 햄버거가 탄생했고, 미국으로 건너가 상업화되었다고 했다. 그러다 한 패스트푸드점에 의해 지금의 모습으로 변형된 것이다.

세계인들의 입맛을 사로잡은 햄버거는 미국에서 성공을 거두었지만 그 뿌리는 바로 함부르크에 있었다.

비틀즈가 성공한 도시

시내 중심지인 상파울리에 비틀즈 광장이 있다. 연간 300만 명 이상이 이 광장을 방문한다고 한다. 마침 이곳을 방문한 날이 존 레넌의 71번째 생일이었다. "나는 리버풀에서 태어났지만 함부르크에서 성공했다"라는 말로 존 레넌은 함부르크에 대한 애정을 표현했다.

광장을 지나면 비틀즈가 공연했던 스타클럽 거리가 나온다. 비틀즈 투어가 열리는 곳이다. 젊은 시절 이곳에서 비틀즈에 열광했던 한 할아버지를 우연히 만났다. 당시 클럽 입장료는 2마르크였고 음료수 한 잔 값은 50페니였는데 바가지를 씌우거나 싸우는 일이 없었다고 한다. 간혹 남에게 담배 연기를 뿜기는 했어도 모든 것이 평화로운 시절이었다고 회상했다. 당시 클럽은 없어졌지만 그의 기억 속에 비틀즈는 영원한 것 같다.

문득 비틀즈가 왜 함부르크에 왔는지 알고 싶어졌다. 비틀즈를 추억하는 공간으로 꾸며진 비틀마니아에 갔다. 비틀즈가 함부르크를 올 때 가져온 짐가방이 보였다. 비틀마니아를 관리하는 직원에 따르면 당시 고등학생이었던 비틀즈 멤버들이 함부르크에 방문한 것은 이곳 클

상파울리의 비틀즈 광장

럽 주인인 브루노 코슈미터의 초청 덕분이었다고 한다.

함부르크에서 처음 2년 동안 비틀즈는 수많은 클럽을 전전하며 활동했다. 돈을 제대로 받지 못하는 것은 다반사였고 좋은 음향시설은 기대도 못하던 시절이었다. 전혀 알려지지 않은 그룹이었던 터라 같은 곡을 여러 클럽에서 하루 9시간까지 연주해야 했다. 요즘 같으면 아무도 버티지 못할 힘든 일이었지만 자신들을 알리려는 욕망이 강했던 비틀즈는 최선을 다했고, 드디어 1961년 중반에 함부르크에서 여러 팬들을 확보하게 되었다. 팬들은 비틀즈를 보러 클럽을 찾았다. 무명의 설움을 견뎌야 했던 그들 곁에 비틀즈의 노래를 들어주는 팬이 있어 행

복했을 것이다. 힘든 시절을 이겨낸 비틀즈는 마침내 1960년대 전 세계의 문화코드로 우뚝 설 수 있었다. 수십 년이 지나도 그들의 노래는 많은 사람들의 가슴에 살아 숨 쉬고 있다.

세계 최초 하저터널과 한국의 거리

구 엘브터널은 상파울리와 슈타인비어더를 연결하는 수중 지하 터널이다. 최근에 차량들이 다니는 새로운 터널이 완공되어 지금은 '구 엘브터널'로 불린다. 강 밑에 건설된 이 터널을 보기 위해 한 해에 500만 명 이상의 관광객이 이곳을 찾는다고 한다. 더 놀라운 것은 터널이 100년도 더 지난 1911년 건설되었다는 것이다. 구 엘브터널은 세계 최초의 하저터널이다. 독일 사람들의 기술력에 새삼 감탄하게 된다. 여름에는 맑고 신선한 공기가 터널 안으로 들어와 몸을 식힐 수 있어서 좋다. 터널에 설치된 100년 넘은 승강기를 구경하는 재미도 좋다. 시민들에게는 24시간 개방되지만 차량은 출퇴근 시간에 나뉘어서 시차제로 운영된다.

수중 터널은 이제 함부르크의 명물이 됐다. 터널 벽은 아이들이 그린 그림을 비롯해 갖가지 그림들이 있었다. 소박하고 친근한 그림들이 터널 분위기와 잘 어울렸다. 구 엘브터널은 함부르크의 상징으로 향수를 간직하고 있었다. 오래된 것을 낡은 시대의 유물이 아니라 전통으로 지키고 발전시키는 함부르크 사람들이 멋져 보였다.

세계 최초 하저터널 구 엘브터널

올스도르프 공동묘지 역시 세월의 깊이와 무게를 독일인 고유의 철학으로 잘 이어온 곳이다. 1877년 조성된 이곳은 총 140만 개의 묘가 있다. 함부르크 시민뿐만 아니라 희망하는 사람들은 누구나 묘지에 안장될 수 있다고 한다. 함부르크 사람들은 공원에 산책 나오듯 이곳을 찾는다. 사이좋게 묘를 정리하는 노부부가 눈에 띈다. 화단을 가꾸듯, 그들의 손길에 정성이 가득하다. 매년 봄에는 팬지를, 여름이 지난 후에는 베고니아를, 가을과 겨울에는 전나무 잎을 덮어둔다고 한다. 이들의 정성으로 조상들은 계절마다 새로운 옷을 갈아입는다.

함부르크 사람들의 생활은 어떨까? 함부르크 외곽의 한 집을 방문했다. 잘 꾸며진 정원을 지나자 원두막이 눈에 들어온다. 말 그대로 집

함부르크의 한 가정집 정원

안에 있는 여름 별장이다. 이들의 여유로운 삶이 부러워진다. 내친김에 집주인은 그녀의 보물창고인 지하실로 우리를 안내한다. 오래된 성당을 수리할 때 가져온 의자와 300년 된 떡갈나무 판자가 있었다. 여행을 다니며 수집한 특산품과 아기자기한 소품들도 있었다. 추억이 가득한 이 방에서 그녀는 많은 영감을 얻는다고 한다.

멀리서 온 손님을 위해 여주인은 전통음식을 준비한다. 이들이 즐겨 먹는 가공식품과 독일 사람들이 끼니때마다 빼놓지 않고 즐겨 먹는 감자가 요리의 주재료다. 이 요리의 특징은 모든 재료를 섞어서 넣고 잘게 부순다는 점이다. 본래 배에서 남은 음식을 모두 처리할 목적으로 뱃사람들이 먹던 것이라고 소개한다. 모양이 우리네 죽과 비슷하다. 이 요리의 이름은 랍스카우스로 함부르크를 비롯해 북부 독일에서 즐

지하에 꾸며진 방

겨 먹는 음식이다. 랍스카우스에 청어장아찌와 달걀을 곁들여 먹는다. 소금으로만 간이 되어 있어서 짠맛이 강하지만 맥주와 같이 먹으면 색다른 맛을 느낄 수 있다. 낯선 여행길에서 마주한 행복한 식사시간이었다.

함부르크의 새로운 경제 중심지로 떠오르는 하펜시티로 향했다. 수로가 좁아져 더 이상 배가 들어올 수 없는 이곳에는 코리아스트라세, 즉 한국의 거리가 있다. 부산과 자매결연을 맺은 후 붙인 이름이다. 코리아스트라세 1번지에 위치한 국제해양박물관을 가봤다. 세계에서 가장 큰 사설 박물관으로 초기 함부르크 항의 모습부터 이후의 발전상까지 모두 전시해놓고 있다.

모든 전시품이 개인 소장품이라는 점이 놀랍다. 한국에서 왔다는 말

에 전시 책임자는 보관실로 안내했다. 수많은 미니어처가 전시를 기다리고 있었다. 그중 하나를 꺼내 보였다. 거북선이다. 그는 거북선이 세계 최초의 철갑 전함이라고 말했다. 이순신 장군이 일본과의 해전에서 22차례나 승리를 거둔 세계 기록의 소유자라고 덧붙였다. 실물 거북선을 전시하고 싶다고 한다. 하루 빨리 우리의 거북선이 전 세계 사람들 앞에 선보일 날이 오길 기대해본다.

브람스가 사용했던 1859년도 피아노

시내 중심의 알스터 호수는 관광객뿐만 아니라 함부르크 시민들이 즐겨 찾는 휴식 공간이다. 돈이 없어도, 놀이기구가 없어도 이곳에 오면 절로 기분이 좋아진다. 알스터 호수 옆에 있는 시청은 버킹엄 궁전보다 방이 6개나 더 많다고 한다.

함부르크는 9세기에 건축된 하마부르크 성에서 시작됐다. 이후 12세기에 상공업이 발달하고 상인들이 정주하면서 새로운 도시로 발전했다. 옛 시청 건물은 1842년 대화재 때 불타 없어졌다. 그후 막대한 예산과 보수비용을 들여 50여 년 만에 현재의 시청이 완공되었다.

함부르크 시청을 둘러보기로 했다. '왕의 방'은 시청에서 가장 화려한 곳으로, 독일 황제 빌헬름 2세가 함부르크를 방문했을 때 공무를 봤던 공간이다. 역대 시장들의 흉상도 보인다. 천장에는 함부르크가 교역했던 나라의 사람들이 조각되어 있다. 황금선박을 보니 화려했던 함

함부르크 시청사 내부

부르크 대항해 시대의 중심에 서 있는 것 같아 가슴이 설렜다.

항구에서 20분 정도 걸어 올라가면 고풍스러운 페터거리(페터슈트라세)를 만날 수 있다. 이곳에 함부르크가 배출한 독일 낭만파 작곡가 요하네스 브람스의 박물관이 있다. 브람스는 19세기 함부르크가 세계적인 항구로 명성을 떨치던 시기에 태어났다. 그는 어린 나이에 세계에서 온 선원들을 상대로 피아노 연주를 시작했다고 한다. 선원들의 무용담을 들으며 상상의 나래를 펼쳤던 소년 브람스, 음악의 거장 브람스를 있게 한 흔적들이 곳곳에 남아 있다. 브람스 박물관의 자원봉사자는 1859년 제작된 피아노로 브람스 교향곡을 연주했다. 그 피아노는 브람스가 학생들을 가르칠 때 직접 사용한 피아노였다. 브람스의 숨결 속으

브람스가 사용한 피아노

로 잠시나마 빠져본다.

시내 중심가에 우뚝 솟은 성 미카엘 교회를 가보기로 했다. 18세기 바로크 양식으로 지어진 교회의 높이는 132m, 아파트 48층 규모다. 대천사 미카엘을 상징하는 교회로 함부르크에서는 '미헬'이라 부른다. 교회 앞에 서 있는 마틴 루터 상이 이 교회가 프로테스탄트 교회, 즉 개신교임을 알려준다.

교회 내부로 들어갔다. 눈앞으로 펼쳐진 새하얀 빛에 눈이 부시다. 이 교회는 함부르크 상인들과 선원들의 기금으로 건설됐다. 항해의 안전을 위해 수많은 선원들과 가족들이 이곳을 찾아 안녕을 기원했을 것이다. 지금은 그 자리를 관광객들이 대신하고 있다.

높이 82m 지점에 마련된 교회의 전망대를 가기 위해 가파르게 이어지는 450개의 계단을 올랐다. 웬만한 체력으로는 전망대까지 다다르기가 쉽지 않을 듯하다. 숨 가쁜 오름을 반복한 뒤 한 줄기 햇빛을 볼 수 있었다. 함부르크에서는 불문율처럼 미카엘 교회보다 높은 건물을 짓지 않는다. 전경을 관람하기에 이보다 좋은 곳은 없다. 시원한 함부르크 전경이 눈앞에 펼쳐진다.

엘베 강이 흘러 운하를 만들고 그 운하가 도시를 만든 곳, 1천여 년의 역사에 수많은 사람들이 모여 문화를 만든 곳, 바로 희망과 열정, 풍요가 공존하는 함부르크다.

품위 있는 인생

영국 / 아일랜드

정원의 품격: 영국 켄트

내 삶의 오아시스: 영국 런던

영국의 녹색 심장: 영국 요크셔, 레이크 디스트릭트

문학과 열정이 있는 나라: 아일랜드

사람들이 살면서 나눈 이야기들은 큰 성당이 되기도 하고 아름다운 성이 되기도 했다. 그곳에서 어떤 이들은 예쁜 꽃을 심고, 어떤 이들은 사슴 사냥을 했다. 언제부턴가 사람들은 이 평화로운 땅을 '영국의 정원'이라고 불렀다.

정원의 품격

영국 켄트

_ 손병규

영국을 여는 열쇠
도버 성

켄트는 런던 동남쪽에 있는 주이며 그 남쪽 해안에 영국의 관문인 도버가 있다. 도버는 도버 해협에 면한 항구도시다. 프랑스와는 불과 34km 떨어져 있어 자연스레 영국과 대륙을 잇는 현관이 되었다. 오늘도 도버 항에는 수많은 사람들과 화물들이 분주하게 드나든다. 사람들이 처음으로 영국을 만나던 곳, 도버에서 여행을 시작한다.

화이트 클리프라 불리는 해안의 흰 절벽을 보러 항구를 등지고 좁다란 벼랑길을 걸어간다. 가는 길도 만만치 않지만 지나온 길을 보니 더 아찔하다. 저만치 작아진 사람들 발아래로 도버의 하얀 절벽이 눈부시게 다가온다. 빨리 닿고픈 마음에 걸음을 재촉해본다.

절벽 위엔 푸른 초원이 펼쳐져 있다. 사람들은 푸른 초원 위를 걸어서 절벽을 찾아간다.

도버 Dover

유럽 대륙과 가장 가까운 교통상 요지로 영국에서 가장 분주한 항구도시
인구: 3만 1,022명
면적: 8km²

그 사이로 이름 모를 나무들이 거친 바닷바람에 맞서 힘겹게 서 있다. 이 절벽은 약 7천만 년 전 바다 미생물의 시체들이 쌓여 만들어졌다. 그리고 세월이 흘러 바다를 건너온 사람들이 처음으로 접하는 영국의 풍경이 되었다. 그들에게 해발 110m에 이르는 하얀 절벽은 희망이자 넘어야 할 장벽이었다.

먼저 이 땅을 차지한 사람들은 하늘이 내린 절벽 요새에 성을 쌓았고 이것이 도버 성이다. 도버 성은 대륙과 가까운 전략적 중요성 때문에 '영국을 여는 열쇠'라 불린다. 로마 군대의 영국 침공 거점으로 11세기 노르만의 정복왕 윌리엄이 요새화한 이후 천 년 가까이 유지된 성이다.

언덕 높은 곳, 색슨족의 교회 옆에 로마 등대가 있다. 이 등대는 로마의 영국 침공 직후인 서기 50년경에 세워졌다고 한다. 2천 년 세월 동안 이 자리에서 묵묵히 도버해협을 내려다보고 있다. 차마 꺼내지 못한 비밀스런 말들이 등대에 갇혀 웅성거리는 것 같다. 도버 성에는 오랜 연륜만큼 세월의 흔적들이 남아 있다. 중세의 성벽과 나폴레옹 시절의 벽돌들이 수백 년의 시간을 뛰어넘어 한 공간에 있다.

도버 성은 제1, 2차 세계대전에도 여전히 중요한 요새 역할을 했다. 특히 제2차 세계대전 초기인 1940년 유명한 덩케르크 철수작전이 전개됐던 곳이다. 당시 프랑스 덩케르크 해안에서 독일군에게 포위된 영국군과 유럽 연합군 약 34만 명을 구출해낸 작전이다. 도버 성 지하에 작전본부를 설치하고 작은 어선들까지 힘을 모아 고립된 연합군의 병사들을 안전하게 영국으로 철수시켜 반격의 실마리를 마련했다.

도버 성 내성의 관문을 지나면 헨리 2세의 왕궁이었던 거탑이 나온다. 강력한 왕권을 가졌던 왕의 궁전답게 직사각형의 탑이 당당하게 앞을 가로막고 있다. 탑 안으로 들어가보았다. 12세기 당시의 생활상을 엿볼 수 있는 물건들이 정교하게 재현되어 있다. 조리실에 있는 중세의 주방기구들이 아이들의 호기심을 자극한다. 위층에 올라가자 어디선가 한줄기 빛이 들어온다. 그 빛이 이끄는 대로 조심스럽게 따라 들어가보니 화장실이었다.

헨리 2세가 외국의 귀한 손님들과 연회를 벌이던 방으로 갔다. 화려한 은식기가 눈길을 끈다. 헨리 2세는 부인과 아들이 반역을 하는 등 가족에 얽힌 많은 이야깃거리를 남겼다. 탑의 꼭대기에 올라가보았다 여기서는 성이 한눈에 다 보인다. 도버 해협을 배경으로 색슨족의 교회와 로마 등대가 보인다. 한쪽으로는 평화로운 도버 해변이 펼쳐져 있다. 도버는 전쟁과 평화가 공존하는 활기찬 곳이다.

영국 교회의 뿌리 캔터베리

도버를 떠나 찾아간 곳은 영국 종교의 중심 도시인 캔터베리다. 성 어거스틴 수도원 유적지를 찾아갔다. 서기 597년 교황청에서 파견된 성 아우구스티누스를 켄트 왕국의 에셀버트 왕이 받아들이면서 영국의 기독교 역사가 시작된다. 이듬해 세워진 성 어거스틴 수도원은 그후 수차례의 개축과 화재, 파괴를 거치면서 지금은 거의 모습을 찾아볼 수 없게 되었다.

따로 떨어져 있어 살아남은 성 판크라스 교회만이 초기 앵글로 색슨 교회의 분위기를 어렴풋이 전해준다. 비록 지금은 폐허로 남았지만 성 어거스틴 수도원은 영국 기독교의 모태로 유네스코 세계문화유산으로 등재되어 있다. 수도원의 폐허 너머로 또 다른 유네스코 세계문화유산인 캔터베리 대성당이 보인다.

캔터베리 Canterbury

앵글로색슨 시대 켄트 왕국의 수도이자 로마가톨릭 교회가 전파되어 캔터베리 대성당이 세워진 곳
인구: 5만 5,240명
면적: 23.54km^2

캔터베리 대성당 내부의 스테인드글라스

캔터베리 대성당에 가려면 도시 성벽 안으로 들어가야 한다. 고대 켄트 왕국의 수도였던 캔터베리 거리엔 역사가 오랜 건물들이 많이 있다. 지금은 인구 6만 정도의 교육, 문화도시로 관광객과 학생들이 많다.

드디어 캔터베리 대성당에 닿았다. 영국 교회의 중심답게 웅장한 수직의 첨탑들이 하늘과 맞닿아 있다. 지금의 대성당은 성 아우구스티누스가 처음 세운 자리에 프랑스인에 의해 고딕 양식으로 증축되었다. 그후 몇 차례 증개축을 거치면서 성당은 노르만, 고딕 등 다양한 양식을 아우르는 화려한 건축물이 되었다.

대성당 안으로 들어서자 화려한 스테인드글라스와 함께 엄청난 규모의 실내 공간이 보는 이를 압도한다. 대성당은 성 아우구스티누스가 세운 이래로 영국 종교의 중심 역할을 해왔다. 엘리자베스 1세가 주교 제도를 확립하면서 캔터베리 대주교는 영국 교회의 수석 주교가 되었다. 영국 국왕의 대관식에서 기도를 하고 새 왕의 머리에 기름을 부어 주는 것도 캔터베리 대주교다.

영국을 대표하는 성당답게 캔터베리 대성당 안에는 여러 왕족들의 무덤이 있다. 역대 캔터베리 대주교들의 무덤도 함께 있다. 과거 정치 지도자와 종교 지도자의 사이가 늘 좋을 순 없었다. 1170년 이곳에선 캔터베리 대성당의 종교적 상징성이 더 확고해지는 사건이 벌어진다. 토마스 베켓의 순교사건이다. 텅 빈 공간에 놓인 작은 촛불. 베켓이 목숨과 바꾼 종교적 양심이 대성당을 가득히 비추는 것 같다.

캔터베리는 스타워 강을 끼고 만들어진 도시다. 캔터베리의 도심을 배를 타고 둘러보면 16세기 중반에 지은 건물이 보인다. 특이한 조형물도 눈에 띈다. 16세기 캔터베리에서 발달했던 방직산업은 20년 만에

토마스 베켓 순교사건

토마스 베켓은 헨리 2세 시절 캔터베리 대주교였다. 그의 종교적 소신이 마음에 들지 않았던 헨리 2세는 골칫덩어리 신부를 없애라고 부하들에게 명령했다. 토마스는 살해되어 성당 지하실에 묻혔는데 놀라운 일이 일어났다. 토마스를 다시 봤다는 사람들이 나타나 수많은 순례자들이 성당을 찾게 된 것이다. 베켓의 순교 이후 캔터베리는 중세의 대표적 성지 순례 장소로 거듭났다. 그후 헨리 8세의 명령으로 성당에 있던 토마스의 제단을 없앴다. 지금은 토마스의 유골이 어디에 있는지 아무도 모른다. 많은 사람들이 찾으려 노력했으나 아무도 찾지 못했고 지금은 제단이 있던 자리에 작은 초가 하나 놓여 있다.

캔터베리 인구의 3분의 1을 고용할 정도였다고 한다. 지금의 캔터베리는 작은 도시지만 대학이 4개나 있다. 그래서인지 오래된 도시임에도 늘 젊은이들로 활기를 띤다.

처칠이 좋아했던 자리에 놓인 빈 의자

다음 여행의 중심지인 메이드스톤 근교에서 민박을 하기로 했다. 우리가 묵을 집은 전형적인 켄트의 시골집이다. 2층 방으로 올라갔다. 좀 덜 오래된 방이 300년쯤 되었다고 한다. 500년 된 원형 그대로의 방도 있었다. 역사적인 건물 목록에 오른 집이라 정부의 엄격한 관리를 받고 있었다. 세월이 흘러 조금씩 변하긴 했지만 구조적인 변형은 할 수 없다고 한다. 다듬지 않은 목재를 있는 그대로 쓰는 소박함이 인상적이다.

방에서 제일 눈길을 끄는 것은 방 문이다. 옛날 시골 할머니 집 재래

스타워 강을 끼고 만들어진 캔터베리 마을

식 화장실에나 있을 법한 나무 걸쇠 문이다. 세계에서 가장 먼저 경제 발전을 이룬 영국이 이런 낡은 집을 소중히 지킨다니 우리도 배울 만한 점이다.

아침 새소리에 기분 좋게 잠이 깼다. 앞마당의 큰 나무에는 새들을 위한 먹이 주머니가 달려 있다. 새를 생각하는 사람의 마음이 따뜻하다. 부엌에선 할머니가 무언가 맛있는 음식을 준비하신다. 보통 이런 민박에서는 간단한 아침식사가 나오는데 멀리서 온 손님들을 위해 솜씨를 발휘하실 모양이다. 할머니들의 마음은 어디나 똑같은가 보다. 오늘 할머니의 요리는 오븐에 구운 닭요리다. 뒷마당에서 직접 기른 채소들을 곁들여 요리가 완성되었다. 요란스럽지 않으면서도 건강에 좋을 것 같은 담백한 요리다.

켄트는 '영국의 정원'으로 불릴 만큼 영국 사람들이 좋아하는 전원 지역이다. 날씨가 따뜻해 과일과 농작물들이 잘 자라고 푸른 초원에는 가축들이 한가로이 노닌다. 이런 아름다운 풍광 때문에 켄트 지방에는 성이나 귀족들의 저택들이 많다.

오븐에 구운 닭요리와 채소들

전통 켄트식 주택 민박집

차트웰 저택 정원 처칠이 앉았던 의자

15세기에 세워진 놀 성은 헨리 8세의 사냥 별장으로도 유명하다. 지금도 성 근처에는 사슴들을 쉽게 만날 수 있다. 근처 윈스턴 처칠이 죽기 전까지 40여 년간 살았던 차트웰 저택으로 갔다. 그곳 정원 호숫가에는 처칠이 좋아했던 자리에 빈 의자가 놓여 있다.

아름다운 리즈 성의 6명의 왕비들

영국에서 가장 아름다운 성으로 꼽히는 리즈 성을 찾아갔다. 리즈 성 입구에 도착하자 가장 먼저 사람들을 맞이하는 것은 기러기 떼들이다. 연못을 가득 덮은 기러기 떼들이 장관을 이룬다. 관광객들은 사람을 전혀 무서워하지 않는 새들과 함께 노느라

리즈 성

시간 가는 줄 모른다. 기러기 떼 사이로 하얀 백조가 물고기를 잡고 있다. 백조를 따라가다 보니 검은색의 아름다운 새가 보이는데 바로 흑조다. 흑조를 처음 본 나는 우아한 자태에 눈을 떼지 못했다.

리즈 성에 들어가기 위해서는 바비칸이라는 외벽 망루를 지나야 한다. 리즈 성은 성 주변에 연못을 파서 해자를 만들어 요새화한 곳이다. 연못 주변에는 가을 단풍이 예쁘게 물들어 성을 더 아름답게 장식하고 있다. 어디선가 공작새 한 마리가 나타나 성을 바라본다. 공작새가 이끄는 데로 따라가보았다. 마치 자기 집인 것처럼 궁전 안으로 자연스럽게 들어간다.

리즈 성은 11세기에 세워져 여러 차례 증개축을 거치면서 오늘의 모습이 되었다. 궁 안으로 들어서자 먼저 왕비의 침실이 보인다. 리즈 성은 6명의 왕비가 살았던 왕비들의 성이다. 성에서 가장 큰 방은 헨리 8

베일리 부인의 침실과 화장품 가방

세의 연회장이다. 헨리 8세의 초상화 아래로 그의 끝없는 욕망처럼 벽난로가 타오르고 있다. 위층에는 리즈 성의 마지막 소유주였던 베일리 부인의 침실이 있다. 베일리 부인은 1926년 성을 구입한 후 내부를 자기 취향대로 꾸몄지만 곳곳에 다른 왕비들의 흔적이 남아 있다.

영국식 정원과 프랑스식 정원

베일리 부인이 리즈 성을 꾸밀 무렵 한 여류 작가는 영국인이 가장 좋아할 정원을 만들기 시작했다. 시싱허스트 정원이다. 정원 입구엔 켄트 지방에서 종종 볼 수 있는 오스트 하우스가 있다. 오스트 하우스는 맥주의 원료인 홉을 널어놓고 불을 때 건조하는 창고다. 지금은 대부분 주택으로 개조해 쓰고 있다.

시싱허스트 정원은 영국의 여류시인이자 소설가인 비타 색빌 웨스트와 그녀의 남편 해럴드 니콜슨의 정원으로 유명하다. 비타는 작가이자 정원사였고 남편은 외교관이었다. 부부가 1930년대 이곳에 처음 왔을 때는 폐허나 마찬가지였다. 그후 비타의 정성스런 나무심기와 해럴드의 멋진 설계가 세계적인 정원을 만들었다. 그들은 각자 다른 스타일로 멋진 정원을 창조했다.

시싱허스트 정원을 한눈에 보기 위해 '비타의 탑'이라 불리는 저택의 옥상으로 올라갔다. 한쪽으로 질서정연하게 설계된 정원이 한눈에 들어온다. 비타의 남편인 해럴드의 취향이 강한 축과 단순한 형태로 드러난 정원이다. 다른 쪽으로 자유로운 분위기의 정원이 펼쳐진다. 비타의 풍요롭고 자연스러운 스타일의 정원이다. 위에서 내려다보니 두 사람이 다른 스타일의 정원을 만들었다는 말을 이해할 수 있었다.

탑에서 내려와 정원을 자세히 살펴보기로 했다. 남편 해럴드는 기하학적인 평면을 강조하는 프랑스식 정원을 선호했던 것 같다. 인공적으

시싱허스트 정원의 오스트 하우스

비타의 남편 해럴드 니콜슨의 정원

로 잘 손질된 나무들이 석고상이나 항아리 등과 함께 깔끔하게 대칭과 균형을 이루고 있다. 잘 정돈된 정원 옆으로 해럴드가 제일 좋아했다는 라임 워크lime walk가 있다. 질서정연하게 심어진 라임나무가 가지끼리 연결되어 끝없이 이어진 길이다. 1932년 해럴드가 심은 나무들은 반복된 정교한 가지치기를 통해 지금의 모습이 만들어졌다고 한다.

한편 비타는 비정형적인 자유로움을 추구했다. 이런 자연주의 정원은 인위적인 프랑스식 정원에 대한 반발로 나온 영국식 정원의 특징이다. 비타의 정원에서는 담과 같은 인공 건축물조차도 자연의 일부처럼 풍경에 녹아들어 있다. 큰 나무와 연못은 정원과 자연이 만나는 완충지대 같은 역할을 한다. 그 옆에는 과일 정원이 비타의 탑과 어우러져

편안하게 배치되어 있다. 나무 사이로 심은 듯 만 듯 핀 들꽃이 아름답다.

조개껍질로 장식된 신비의 동굴

켄트의 동쪽 해안 리컬버로 가봤다. 이곳은 폐허가 된 12세기 교회 탑인 리컬버 탑이 로마의 요새와 함께 서 있다. 천 년의 간격으로 세워진 두 건축물이 나란히 서 있는 모습을 다시 천 년 가까이 흐른 지금 바라보는 감회가 묘하다. 로마인들이 여기에 요새를 세운 이유는 켄트 지방의 동북쪽 끝이었기 때문이다.

동쪽의 낮은 땅은 퇴적물로 메워지기 전까지 바다였던 곳이다. 현지인의 설명에 따르면 원래 그곳은 태닛 섬이라고 부르는 꽤 큰 섬이었다고 한다. 스타워 강에서 흘러내려온 물이 섬을 둘러 흘러갔고 지금도 그곳을 태닛 섬 지역이라고 부른다.

얼마 전까지 배를 타고 가야 했던 신비의 땅 마게이트로 갔다. 태닛

리컬버 탑과 로마의 요새

그로토의 조개껍질로 만든 공룡 조형물

이라는 섬 이름의 어원에 대해서는 여러 가지 설명이 있는데, 그중에는 그리스어로 죽음을 뜻하는 타나토스에서 왔다는 설도 있다. 마게이트에는 신비로운 전설에 어울리는 셸 그로토Shell Grotto(조개동굴)라는 곳이 있다. 조개껍질로 만든 공룡 조형물이 심상치 않은 표정으로 관광객을 맞이한다. 이곳의 진짜 비밀을 보려면 좁다란 지하통로를 따라 들어가야 한다. 사람 하나 겨우 지나갈 만큼 좁은 통로를 지나니 셸 그로토의 입구가 나온다.

셸 그로토는 500만 개 가까운 조개껍질로 장식된 신비의 동굴이다. 이 동굴은 1835년 연못을 파다가 우연히 발견되었는데 아직도 누가 언제 왜 만들었는지는 밝혀내지 못했다. 동굴 안쪽으로 조심스럽게 들어가보았다. 기묘한 문양의 조개 장식 사이를 걸어가면 곧 제단과 같은 방이 나온다. 어떤 이들은 이 제단을 보고 사교집단의 비밀사원이라고 추측하기도 한다. 또 어떤 이들은 외계인의 작품이라고도 한다. 그러고 보니 문양이 외계인을 닮은 것 같기도 하다. 상상력을 자극하는 신비스러운 동굴이다.

물로 움직이는 케이블 카

원래 태닛 지방은 멋진 해안절벽이 많은 곳이다. 마게이트에서 브로드스테어스로 이어지는 해변에는 제작기 아름다움을 자랑하는 하얀 절벽들이 있다. 해변에 홀로 서핑을 하는 사람이 보인다. 혼자 연습하기엔 좋은 해변이다.

보타니 베이라는 곳에 왔다. 멀리 엄청나게 많은 풍력 발전기들이 보인다. 20만 가구가 쓸 수 있는 전기를 만든다고 한다.

썰물 때에 맞춰 해변으로 내려왔다. 바닷물이 빠져나간 보타니 해변에는 예상치 못한 장관이 펼쳐졌다. 바닷물에 잠겨 있던 하얀 절벽 탑이 모습을 드러내 그 사이를 걸어다닐 수 있게 된 것이다. 오늘은 날씨가 좋아 눈부시게 하얀 절벽과 파란 하늘이 경쟁하듯 다가온다. 절벽 아래에는 하얀 석회암석이 푸른 해초에 덮여 또 다른 색의 향연을 펼친다. 보타니 베이는 빼어난 풍광으로 영화와 광고의 단골 촬영 장소로 쓰인다고 한다. 멋진 풍경에 사람이 더해지니 저절로 영화의 한 장면이 연출된다. 마음이 하얗게 풀어져 누구와도 친구가 되고 싶은 풍경이다.

환한 무지개가 마지막 행선지 포크스톤으로 우리를 이끈다. 포크스톤은 인구 5만 정도의 작은 도시다. 여행을 시작했던 도버 옆에 있는 곳이다. 위에서 본 풍경은 휴양도시답게 평화롭고 아름답다.

리즈 리프트를 타보기로 했다. 1885년에 만든 리즈 리프트는 해변과 절벽 위 도시를 연결하는 케이블카다. 리즈 리프트에는 물의 힘으로 케이블카를 움직이는 특별한 장치가 있다. 꼭대기의 물탱크에 물이 채워져 그 무게가 객차와 밑에 있는 승객들보다 더 무거워지면 움직이기 시작해 브레이크 휠로 속도를 조절하면서 내려온다. 아래에 도착하면 물탱크의 물이 건물 밑에 물탱크로 들어가고 그 물들이 모이면 펌프를 이용해 다시 위로 올라간다. 이 장치는 같은 케이블로 연결되기 때문에 한쪽이 아래로 내려가면 다른 쪽이 위로 당겨지는 원리다. 탱크에 물이 채워지자 케이블카가 움직이기 시작한다. 물의 힘으로 가는 케이블카. 100년 전의 아이디어가 우리가 만들어야 할 미래에 대해 영

보타니 베이, 썰물로 물이 빠져나가자 모습을 드러낸 하얀 절벽 탑

물의 힘으로 움직이는 케이블카

감을 주는 것 같다.

리즈의 언덕은 멋진 전망대다. 내려다보면 멀리 바다가 보인다. 맑은 날에는 프랑스까지 보인다고 한다. 포크스톤 해변의 소박한 풍경도 보인다. 화려하지는 않지만 편안해 보이는 해변이다. 바닷가에 서니 켄트에서 보낸 시간들이 파도처럼 스쳐 지나간다.

고집스럽게 지켜온 전통과 최첨단 유행이 함께하는 도시 런던. 지난 천 년 동안 영국의 수도로 비즈니스와 정치의 중심지다. 역사와 전통이 살아 있는 런던으로 여행을 떠나보자.

내 삶의 오아시스

영국 런던

_김정수

영국의 천년 수도,
런던

전통과 현대가 공존하는 런던, 수많은 역사 유적지와 박물관, 빨간 이층버스와 세련된 거리로 여행객의 마음을 사로잡는 도시다. 그런데 런던의 화려한 거리 뒷골목에는 서민들의 일상을 보여주는 또 다른 세계가 있다.

드넓은 공원, 다양한 거리 공연과 스트릿 갤러리, 그리고 오래된 것을 소중히 여기는 앤틱 시장까지… 드디어 내 삶의 오아시스, 런던에 왔다.

런던은 지난 천 년간 영국의 수도였다. 나는 이번 여행을 런던아이London Eye에서 시작하기로 했다. 밀레니엄을 기념해 설치한 조형물인데 글자 그대로 런던을 보는 눈이다. 캡슐 하나에 25명이 탈 수 있고 30분간 한 바퀴를 돌면서 런던 시내를 본다.

런던 London

영국의 수도로 뉴욕 · 상하이 · 도쿄와 더불어 세계 최대 도시 중 하나
인구: 약 817만 명
면적: 1,570km²

135m 하늘에서 보는 런던은 장관, 그 자체다. 고집스럽게 지켜온 전통과 최첨단 유행이 함께하는 도시 런던. 런던은 지난 천 년 동안 영국의 비즈니스와 정치의 중심이었다. 30분간의 비행으로 역사와 전통의 런던 시내를 한눈에 즐길 수 있다.

런던아이에서 내려오면 바로 템즈강 유람선 선착장이 있다. 지난 천 년 동안 런던의 젖줄이었던 템즈강. 로마시대부터 이 나라 교역의 대부분을 담당한 동맥이다. 모든 것은 템즈 강변에 다 모여 있다고 할 만큼 도시는 강을 따라 번성해왔다. 유람선의 종착점 타워브릿지. 큰 배가 지나가거나 특별한 행사가 있을 때 상판을 들어 올리도록 설계됐다. 타워브릿지 맞은편의 런던타워는 왕의 거처나 무기고, 보물창고로 사용됐다. 정복자 윌리엄이 왕이 된 직후 런던을 지키려고 성채를 지었다고 한다.

수많은 지류를 통해 물자와 사람을 실어 나른 템즈강. 템즈강은 요즘 런던 시민들에게 수상레저의 요람으로 사랑받고 있다.

음울하고 어두운 겨울비조차 정겨움이 느껴지는 런던의 도심으로 나선다. 이영표 선수가 몸담았던 구단의 이름과 똑같은 길을 따라 걸으니 악기상들이 눈에 띈다. 우리로 치면 낙원상가 같은 곳이다. 골목길을 지나니 밴드 연습실이 즐비하다. 무엇을 꿈꾸고 어떤 악기를 다루는 젊은이들을 만날 것인가? 지난 100년간 수많은 뮤지션을 길러낸 이 거리는 젊은 예술가들이 많이 찾는 명소다.

주머니가 가난한 젊은이들을 위해 싼 값에 스튜디오를 빌려주기 때문에 점심시간부터 늦은 저녁까지, 예약을 안 하면 자리가 없다. 천장

백파이프 연주

에 써놓은 낙서에 담긴 이들의 고민과 사랑을 바라보니 자췻방에서 기타를 배우던 내 젊은날이 떠오른다. 불혹의 나이도 잊은 채 자기가 하고 싶은 것을 하는 그들이 부러운 시간이었다. 오후 3시. 겨울이라 해가 짧아 벌써 어둑하다.

밴드 연습실의 여운이 사라지기도 전에 나를 잡아끄는 스코틀랜드의 백파이프 소리. 스코틀랜드 고유의 복장과 백파이프, 다리 위의 멋진 풍광에 관광객들이 쉴 새 없이 카메라 셔터를 눌러댄다. 백파이프 연주는 숱한 세월동안 잉글랜드에 대항해 싸워왔던 스코틀랜드인들의 정신처럼 느껴진다.

천년의 시간이 오늘의 화려함과 공존하는 도시 런던에 어둠이 찾아왔다. 이름 모를 인파를 따라 여행의 발걸음을 재촉한다. 우아하고 값비싼 가게가 많기로 유명한 거리. 이 거리 뒤편에 100년을 이어온 펍이

본드 스트리트의 야경

있다.

궁금해서 들어가보기로 했다. 혹은 서서, 혹은 앉아서 세상에서 가장 편한 자세로 음식을 먹거나 맥주를 마시는 사람들. 우리의 실비식당이나 삼겹살집 같은 곳이다. 펍은 영국의 문화 공간이다. 낯선 분위기 때문에 긴장했지만 서로 인사를 나누는 이들은 한 동네 사람처럼 격의가 없다. 처칠과 예이츠 같은 유명 인사들도 즐겨 찾았다는 펍. '램 앤 플래그' 펍이다. 그때나 지금이나 같은 장소에 같은 이름을 쓰고 있다. 1910년에 문을 열었으니 100년이 넘었고, 건물은 1800년대에 지어졌다고 한다. 오래된 것을 좋아하는 영국인들에게 펍은 추억의 사랑방으로 계속 남아 있을 거란 생각을 했다.

골동품 시장의 빈티지 용품

수많은 군중 속에서 홀로 여행하는 나. 우리는 왜 여행을 하는 것일까? 익숙한 것들과 잠시 떠나 내 안의 나를 돌아보기 위함은 아닐까?

토요일 아침부터 거대한 무리가 한 방향으로 향한다. 집시 같기도 하고 음유 시인이기도 한 듯한 사내가 눈길을 사로잡는다. 악기를 다루는 솜씨가 아마추어는 아닌 것 같다. 음악이 있어 세상은 이토록 아름답다.

2천여 개의 점포가 늘어선 이곳은 유럽의 앤틱제품이 한자리에 모이는 곳. 골동품 시장이다. 지금은 들어보기 힘든 유성기 소리가 어린 시절의 추억을 일깨워준다. 어른들이 장난감에 관심을 보이는 건 추억을 담고 있기 때문이 아닐까? 미소로 손님을 맞는 주인의 표정이 여행에 지친 나의 피로를 말끔히 씻어준다. 웃으면 복이 온다더니 그의 가게에는 손님이 넘쳐난다. 부잣집에서 쓰다 내놓은 은그릇에서 공방에서 사용하던 도구들까지 정성들여 수공을 하던 장인의 온기가 남아 있을 것 같다. 젊은이들이 많이 모여들면서 시장 한 켠에 패션 액세서리 가게도 들어섰다. 1파운드짜리 모자와 후드티에서, 목걸이와 팔찌 같은 빈티지 용품까지 물건이 다양하고 값이 싸다.

런던의 작은 시장을 세계에 알리는 데 기여한 서점이 있다. 시장 한복판에 있는 이 서점이 〈노팅힐〉이란 영화의 무대가 됐기 때문이다. 간판에는 'THE TRAVEL BOOK SHOP'이라고 적혀 있다. 〈노팅힐〉은 이 시장 한쪽 구석에서 서점을 하던 휴 그랜트와 인기 영화배우 줄리아 로버츠의 사랑을 그린 영화다. 휴 그랜트의 친근한 매력때문인지 여성 여행객들이 많이 왔다. 영화의 후광을 톡톡히 누리고 있는 서점과 시장. 잘 만든 영화 한편이 여행객을 끌어 모으고 있다.

시장을 빠져나와 찾은 곳은 거리 공연의 메카 코벤트 가든. 런던에서 가장 활기차고 사람들이 많이 모이는 곳이다. 여기저기서 거리 공연과 퍼포먼스가 끊이지 않는다. 몸 전체를 은빛으로 두른 마이미스

〈노팅힐〉에 나오는 여행서적 전문점

트가 오가는 사람들을 잡아끈다. 모르는 사람들과의 만남은 거리낄 게 없어서 좋다. 천의 얼굴을 보여주는 거리의 예술가!

70년대까지만 해도 과일 도매시장이었던 코벤트 가든의 센트럴 마켓은 내부를 개조해 골동품점과 수공예품점이 들어선 쇼핑몰로 변신했다. 노천카페 같은 홀에서는 세계적인 공연단의 무료공연이 끊임없이 펼쳐진다. 내가 도착했을 때는 아쉽게도 파바로티 모창 공연이 끝나고 있었다. 이어진 공연은 2인조 묘기 공연. 공연의 대부분은 희곡이다. 영국은 비오고 흐린 날씨 때문에 우울증이 많아 사람들이 희극을 좋아한다고 한다.

저녁 6시. 급히 국립극장으로 발길을 돌렸다. 무료음악회가 열리기 때문이다. 책을 보며 기다리는 사람들을 보자 촬영하는 게 미안해진다. 애잔하고 서정적인 민요곡에 관객과 연주자가 하나가 된다. 여행자인 나와 영국인들의 가슴에 음악과 예술이 교감하는 밤이다.

음악회를 보고 나와서 조명의 아름다움을 만끽했다. 타워브릿지와 런던타워가 멋지다. 영국이란 국가브랜드를 고급화시켜주는 조명은 이름난 역사유적지에 국한되지 않는다. 상점이나 음식점, 거리의 가로등

세계적인 공연단의 무료공연

리치몬드 공원

하나까지 분위기에 맞게 조명등이 설치돼 있다.

여행 기간 중 가장 쾌청한 날에 리치몬드 공원에 갔다. 도심에서 약간 서쪽에 위치한 리치몬드 공원. 아프리카의 사파리를 연상시키는 곳이 도심 한복판에 있다는 사실이 믿어지지 않는다. 사슴들이 평화롭게 먹이를 찾는다. 누가 관리하는 게 아닌 야생 사슴들이다. 지나가는 사람이나 자동차가 없으면 아프리카 초원이라고 해도 그대로 믿을 것 같은 이곳도 런던 사람들에겐 그냥 일상일 뿐이다.

런던의 별칭이 왜 그린시티인지 난 공원에 와서 알게 됐다. 집 근처 공원에서 레포츠를 맘껏 즐길 수 있는 곳이 런던이다. 런던 사람들은 일요일엔 집이나 펍에서 전통음식으로 브런치를 먹는다. 공원을 산책

한 후 가족끼리 식사를 하는 여유로운 시간을 갖는다. 선데이 런치로 불리는 고기를 굽는 모습을 보았다. 소·돼지·양고기를 소금과 후추로만 간을 해서 오븐에 구워낸다. 요크식 푸딩과 함께 먹는다. 식당에 오지 않는 사람은 집에서라도 꼭 이 음식을 해 먹는다고 한다. 16세기 농부들이 하던 식사가 이 음식의 원조인데, 큰 고기 덩이를 가족과 나눠 먹는 데 의미가 있다고 한다.

오랜만에 날씨가 쾌청한 김에 시내를 둘러보기로 했다. 말로만 듣던 이층버스, 괜히 맘이 설렌다. 런던은 대중교통이 편리하게 갖춰져 있다. 웬만한 관광지는 버스와 지하철로 관광이 가능하다. 1일권은 우리 돈으로 약 만원. 이거 하나면 버스와 지하철을 몇 번이고 갈아 탈 수 있다. 2층에 오르니 창밖 풍경부터 다르다.

커다란 기념탑이 보인다. 트라팔가 광장, 런던의 주요 행사나 야외집회 장소로 쓰이는 곳이다. 트라팔가 전투에서 나폴레옹군과 싸우다 장렬하게 전사한 넬슨 제독을 추모하는 기념비가 서있다. 에드워드 시대에는 왕가의 정원이었으나 조지 시대에 지금의 광장으로 바뀌었다. 광장 끝에는 국립미술관이 있다.

시내를 다니며 느낀 건 도심 곳곳에 빨간색이 많단 점이다. 버스, 전화박스에서 도로공사 중인 표지판까지. 흐린 날이 많아 거리가 우중충하기 때문에 산뜻한 느낌을 주기 위해서 였을까.

영국 시인 키이츠가 살았던 햄스테드

오늘은 런던이면서 전혀 런던 같지 않은 곳. 바로 햄스테드로 간다. 도시 전체가 평지인 런던과 달리 이곳은 입구부터 오르막이다. 차에서 내리자마자 펼쳐지는 초록의 잔디밭.

도심에서 불과 6km. 이곳은 예로부터 화가와 작가들이 즐겨 찾는 곳이었다고 한다. 햄스테드에서 가장 높은 언덕. 땅과 하늘이 맞닿아 있는 풍경이 한 폭의 그림같다. 이곳 주민, 관광객이 한데 어울려 한겨울의 푸르름을 맘껏 즐기고 있다. 한발 한발 부드러운 잔디를 느끼며 오르는 순간, 눈앞에 나타난 시가지. 런던이 보인다.

런던아이에서 바라볼 때와는 사뭇 느낌이 다르다. 12월의 햇살이 5월의 빛처럼 투명하다. 구릉을 내려와 시내로 들어섰다. 햄스테드는 손꼽히는 명품 주거지역이다. 공기가 좋고 소음이 적기 때문이다. 시내에서 처음 찾은 곳은 처치 로우. 조지왕 당시 거리가 그대로 남아 있는 곳이다. 조지시대 즉 18세기의 영국은 산업강국으로 발돋움 하던 시기였다. 그 자신감이 건축에도 반영되어 발코니를 갖춘 웅장한 주택을 지었고 200년이 지난 지금도 사람이 살고 있다.

낯익은 표지판이 보인다. 영국 시인 키이츠가 살던 집이다. 내가 갔을 때는 아쉽게도 내부 수리를 하고 있었다. 키이츠는 여기서 2년 정도 살다가 이탈리아로 건너가서 세상을 떠났다. 키이츠는 이곳에서 영문학사에 길이 남을 많은 시를 썼다.

햄스테드 여행을 마칠 즈음, 행운이 나를 찾아왔다. 런던에 지천으로 있는 게 스트릿 갤러리지만, 한 갤러리에서 난 잊을 수 없는 경험을 하게 됐다.

러시아 출신의 표현주의 화가 샤갈의 개인전이 열리고 있었다. 대가의 전시회를 동네 화랑 수준의 스트릿 갤러리에서 볼 수 있다는 게 놀라왔다. 샤갈의 작품은 다채롭고 색감이 화려하다. 샤갈은 문화적이거나 민속적인 상징을 회화에 끌어들인 독보적인 화가다. 갤러리 뒤켠에 아무렇게나 놓인 그림을 가리키며 피카소 작품이라고 하자 내 귀를 의심했다. 그림 속 서명을 보니 틀림없는 파블로 피카소였다. 진품이 맞냐는 내 물음에, 오히려 그런 걸 묻는 게 의아하다는 표정을 지으며 '우

영국 시인 키이츠가 살던 집

스트릿 갤러리에서 마주친 샤갈의 작품

리는 진품이 아니면 취급을 하지 않는다고'고 힘주어 말한다. 미술에 대해서 아는 게 많지 않은 나지만 샤갈과 피카소 등 대가의 오리지널 작품들을 가까이서 볼 수 있다는 게 정말 신기했다. 스트릿 갤러리에서 마주친 샤갈과 피카소. 이런 대가들을 동네 미술관에서 접할 수 있는 런던 사람들이 마냥 부러웠다.

여행 마지막 날 아침, 나의 눈길을 끈 것이 있다. 바로 거리 곳곳에 걸려 있는 예쁜 간판들이다. 런던의 간판은 '크고 잘 보이게' 달기 보다는 '작지만 시선이 머물게' 단 것 같다. 크기보다는 주변과의 조화를 추구하는 마음이 도시의 품격을 높여주는 듯 했다.

방송 일을 하면서 생긴 자연스런 버릇은 전자제품 파는 곳에 눈길이 가는 것이다. 내가 찾은 곳은 70~80년대에 유행하던 빈티지 오디오를 전문으로 파는 매장 에지웨어 로드이다. 30~40년 전에 유행했던 리시버와 앰프들이 보인다. 마란츠와 켄우드, 쿼드와 탄노이. 이름만 들어도 그 시절의 따뜻한 음색이 들리는 것만 같다.

빈티지 오디오가 영국에서 사랑을 받고 있는 이유는 물건을 쉽게 버리지 못하는 영국인들의 특징 때문이라고 한다. 그래서 옛 물건에 대한 가치가 영국에서 높아지나 보다. 방송국 엔지니어 출신인 토니 씨는 모든 기기들을 직접 점검해놓는 일을 매장에서 하고 있었다. 매장에 있는 제품들은 모두 직접 들어볼 수 있다고 자랑이 대단하다.

토니 씨의 지하 창고에 함께 내려갔다. 창고에는 CD보다는 LP에 어울리는 제품이 많다. 토니 씨가 나에게 들려준다며 LP를 들고 나왔다. 역시 CD에서 들을 수 없는 깊은 소리가 난다. 디지털 음악이 아무리 섬세해도 음악을 듣는 우리 귀가 아날로그이기 때문에, 토니 씨가 들려준 소리가 멋있고 현장감 있게 들린다.

런던 여행에서 예술을 사랑하고 사색을 즐기는 여유로운 사람들을 만났다. 이곳을 떠나면서 다짐해본다. 서울에 가면 나도 이들처럼 몸과 마음에 여유를 가지고 주변을 돌아보며 살아야겠다.

요크셔와 레이크 디스트릭트는 중세시대의 숨결이 여행자들의 마음을 사로잡는 영국의 녹색 심장 같은 곳이다. 가장 영국다운 역사와 전통을 만들어간 요크셔와 낭만파 시인들, 동화작가들이 평생 사랑했던 레이크 디스트릭트를 찾아간다.

영국의 녹색 심장

영국 요크셔 • 레이크 디스트릭트

—박건

성벽 철거를 막아내
아름다운 도시로 거듭나다

런던에서 5시간 넘게 쉬지 않고 자동차로 달려 요크셔 지방의 중심도시 요크에 도착했다. 처음 눈에 들어오는 것은 바로 도시 중심을 에워싼 요크 성벽이다. 로마시대에 방어를 위해 건립돼 로마 성벽이라고도 불린다. 성의 남쪽 문인 미클게이트바는 중세시대에 반역자의 머리를 잘라 매달아두기로 악명 높았던 곳이다.

요크 York

노스요크셔의 고도로
14세기 성벽과 유적지를
간직한 역사도시
인구: 약 20만 명
면적: 271.94km²

요크 성벽은 2천 년 전에 로마인들이 이곳을 지배하면서 세웠고, 영국 북쪽 변경의 든든한 요새 역할을 해왔다. 노르만인의 정복으로 한때 폐허가 됐으나, 중세시대에 튼튼하게 재건됐다. 건립 당시에는 2km 길이의 정사각형 성벽이었으나 재건축으로 확장돼 현재 총 길이는 4.5km다.

성벽을 허물어 도시를 재건축하려는 수많

은 시도들을 이곳 요크 시민들이 막아냈다. 덕분에 영국에서 가장 아름다운 소도시라는 평가를 받고 있다. 로마인의 지배 이후 요크셔 지방은 앵글로 색슨, 바이킹, 노르만인 등으로 계속 주인이 바뀌었다. 요크라는 도시 이름은 덴마크 지역의 바이킹들이 이곳을 지배하면서 붙여졌다. 요크는 현재 인구 20만의 조그만 도시다. 하지만 영국왕 조지 6세가 "요크의 역사는 곧 영국의 역사다"라고 말할 정도로 이 지역은 유서 깊은 역사도시다.

도시의 중심 광장엔 매일 같이 열리는 상설시장인 샘블즈 시장이 있다. 커다란 쇼핑센터와 대형마트들이 도심을 차지하는 우리나라를 생각해보면, 오랜 재래시장에 도시의 중심을 내주는 이곳 사람들이 놀랍기만 했다.

광장 주변엔 중세의 모습이 그대로 남아 있는 골목들이 있다. 그중에서도 유명한 샘블스 골목을 찾아갔다. 샘블스라는 이름은 도축장shamel이라는 뜻을 가진 고대어에서 비롯됐다. 1862년에는 26개나 되는 정육점이 이 거리에 있었다고 한다.

골목의 건물들은 독특한 모양새를 하고 있는데 1층보다는 2층이, 2층보다는 3층이 더 튀어나와 있다. 튀어나온 부분에 고기를 매달아 판매하던 푸줏간들이 즐비했던 곳이다. 이 골목의 가게들은 대부분 중세시대에 지어진 형태 그대로를 유지한 채 오랜 세월을 지내왔다. 푸줏간이 들어섰던 가게들은 지금은 골동품점, 음식점, 기념품점 등 관광객을 위한 상점들로 변신했다.

가게 모퉁이 위에 붉은 악마 조각상이 눈에 들어왔다. 이것 역시 중

샘블스 거리

도축장이라는 말에서 비롯됐고 1862년 이 거리에는 26개의 정육점이 있었다.

세시대에 만들어진 것으로 예전엔 인쇄업을 나타내는 상징이었다. 또 다른 가게 위엔 지혜의 상징인 미네르바 여신상이 있다. 이 조각상은 책과 서점의 상징이었다. 골목에는 게이트gate라는 이름이 많이 붙어 있는데 덴마크어로 거리, 골목이라는 뜻이다. 덴마크 바이킹이 지배하던 시대에 붙여진 이름이다.

복잡한 미로 같은 중세의 좁은 골목길을 거쳐 다다른 곳은 요크의 상징이자 영국에서 가장 유명한 건축물 중 하나인 요크 민스터 대성당이다. 북부 유럽 최대의 중세시대 교회이자, 세계에서 가장 훌륭한 고딕 양식 건축으로 평가받고 있다. 현재의 대성당은 1220년에 지어지기 시작해 250여 년의 건축과정 끝에 1472년에 완공된 것이다.

높은 천장, 희고 굵은 기둥, 좁은 회랑, 스테인드글라스를 통해 들어오는 영롱한 빛이 중세 교회건축의 진수를 느끼게 한다. 요크 민스터

요크 민스터 대성당의 첨탑

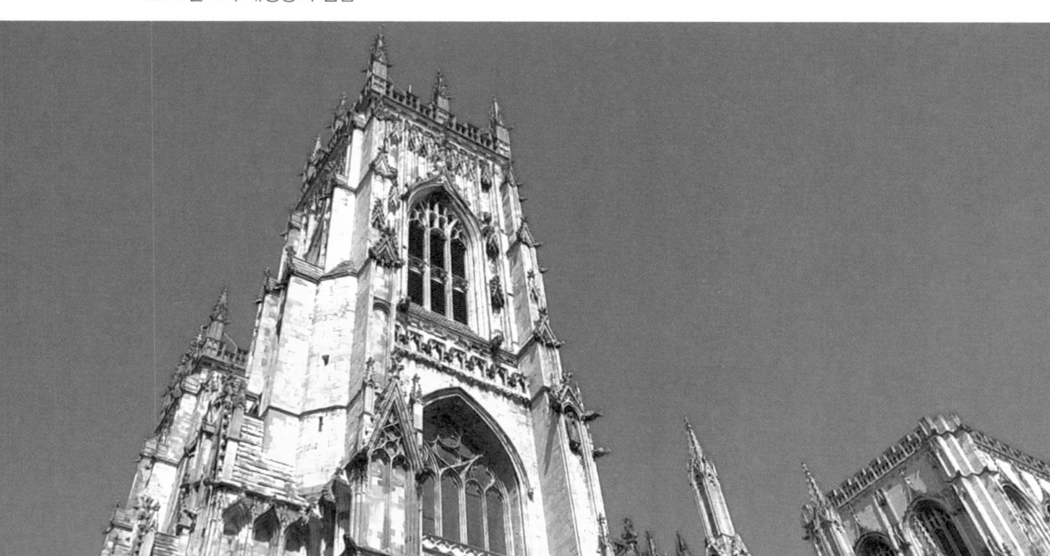

챕터하우스

대성당의 챕터하우스(사제단 회의장)는 영국 최대 규모의 스테인드글라스로 장식되어 있고, 중세의 것으로는 전 세계 최대 규모다. 성가대석과 본당 사이에는 15세기에 만든 석조 병풍이 있다. 병풍에는 윌리엄 1세부터 헨리 6세까지의 잉글랜드 왕들이 조각되어 있다.

성당 자체가 훌륭한 예술품의 보고인 요크 민스터는 16세기에 발생한 영국의 종교개혁과 17세기에 발발한 내전으로 지하무덤과 건물들이 파괴되고 많은 보물들을 약탈당했다. 하지만 이후 대성당을 온전히 보전하려는 영국민들의 노력 덕분에 지금의 모습을 갖추게 됐다.

교회 중앙 첨탑에 마련된 전망대로 가기 위해 무려 275의 계단을 쉼없이 올랐다. 가파르고 비좁은 원형계단을 올라 옥상에 이르면 요크 시내가 한눈에 펼쳐진다. 정서쪽 방향으로 바라보이는 71m 높이의 대성당 첨탑은 요크 시내 어디에서나 눈에 띄는 요크 민스터의 아이콘이다.

요크 민스터의 뒷문을 빠져나오면 로마 황제 콘스탄티누스 1세(재위 306~337)의 동상이 있다. 그는 아버지와 함께 요크 시를 방문했다가 급작스레 사망한 아버지의 뒤를 이어 이곳에서 후임 황제로 즉위했다. 로마제국 최초로 기독교를 공인하고 본인도 기독교도로 개종한 황제다. 오랜 세월 영국의 험난한 역사와 함께한 요크 민스터의 모습은 그 자체로 훌륭한 풍경이다.

요크 시내의 조빅바이킹센터(홍수 피해로 현재 휴관 중, 2017년 봄에 재개관 예정) 앞에 견학 온 학생들이 길게 줄을 서 있다. 바이킹 유적지를 박물관으로 만든 곳이다. 1972년 바로 이곳에서 바이킹 마을이 발굴됐다. 1천km^{2}에 이르는 거대한 넓이에, 지하 9m의 깊이에서 어마어마한 양의 바이킹 유물과 유골들이 쏟아져나왔다. 시에서는 고고학 자료들을 참고하여 바이킹 마을을 복원하고 바이킹 박물관을 만들었다. 그것을 계기로 요크는 바이킹의 도시로 유명해졌다.

869년 덴마크의 바이킹들은 요크에 정착했다. 하지만 이곳을 침략한 노르만인들과 전쟁을 치러야 했다. 요크에서 발굴된 바이킹의 유골들을 보면 대부분 노르만과의 격렬한 전투 끝에 치명상을 입어 죽은 것으로 판명됐다. 바이킹족들은 이곳에서 살았던 앵글로 색슨족과 나름대로 평화를 유지하며 자신들의 문화를 발전시켰다. 사슴뿔로 빗을 만들며 자신들만의 동전과 화폐도 만들어 썼다. 바이킹의 문화는 10세기경에 꽃을 피웠다.

박물관의 지하에 내려가면 전기자동차를 타고 천 년 전 바이킹의 생활과 풍습을 복원한 전시장을 둘러볼 수 있다. 전시장엔 매캐하고

조빅바이킹센터

이상한 냄새가 났는데 바로 바이킹 마을의 냄새까지 복원한 것이라고 한다. 요크의 바이킹들은 터키와 중국과도 교역을 했고, 그 덕분에 요크는 10세기 잉글랜드에서 런던에 이어 두 번째로 큰 도시로 성장해갔다. 바이킹들은 자신들의 문화 위에 색슨족의 문화를 융합시켜 도시를 발전시켜나갔던 것이다.

요크 민스터와 더불어 요크 시의 또 하나의 상징은 클리포드 타워다. 요크 성의 일부로 남아 있는 것 중에 가장 큰 건축물이다. 이 건물은 한때 잉글랜드 북부 통치기관의 핵심 건물이었다. 정복왕 윌리엄 1세가 최초로 목조 건물을 지었으나 그후 십자군 전쟁 등으로 여러 차례 무너졌고, 지금의 성은 13세기에 재건축한 것이다. 클리포드라는 이름은 14세기 잉글랜드 국왕 에드워드 2세에게 반기를 든 로저 클리포드Roger de Clifford를 처형해서 성벽에 매달아둔 데서 유래됐다.

가장 오래된 마을
내어스버러

요크 시에서 서쪽 방향으로 차로 40분을 가면 영국에서 가장 오래된 마을, 내어스버러가 나온다. 도시 광장엔 한 사람의 동상이 있다. 동상의 주인공은 블라인드 잭Blind Jack이란 별명으로 유명한 존 멧커프John Metcalf다. 이곳에서 태어나 여섯 살 때 천연두로 시력을 잃었다. 엄청난 노력 끝에 산업혁명 시기 최초의 전문 도로건설 공학자가 되어 요크셔 일대의 도로와 다리를 건설한 요크셔 지방의 유명인사다. 시력을 잃었지만 음악에도 재능을 보여 바이올린 연주를 즐겨했던 그를 이곳 시민들은 여전히 기억한다.

내어스버러는 예전에 역사적인 명성을 지닌 시장과 온천으로 유명했다. 이 도시의 고지대엔 폐허가 된 내어스버러 성이 있다. 이 성은 어느 노르만 귀족이 1100년에 세웠다.

내어스버러
Knaresborough

영국에서 가장 오래된 마을로 유서 깊은 시장, 온천, 성벽 등이 남아 있는 역사도시
인구: 1만 5,441명

내어스버러 성

그후 13세기에 잉글랜드 국왕은 이곳을 북부의 중요한 요새로 여겨 엄청난 돈을 투자했고 성을 튼튼하게 재건했다. 하지만 17세기 왕당파와 의회파가 내전을 치르면서 이 성은 폐허가 됐다.

성 위에서 내려다보면 내어스버러의 유서 깊은 풍경이 한눈에 들어온다. 니드 강변을 따라 지어진 집과 건물들은 오래된 마을의 멋을 더해준다. 1851년 니드 강 위에 지어진 다리는 주변의 도시를 이어주는 기찻길을 연결하기 위해 만들어졌다. 이 다리 역시 도시의 고풍스러운

존 멧커프 동상

성에서 내려다본 내어스버러의 풍경

이미지를 더하기 위해 디자인을 고심했다고 한다.

내어스버러에서 북쪽 방향으로 20분 정도 차를 타고 달리면 중세시대 영국에서 가장 부유했던 수도원인 파운틴스 수도원이 나온다. 이 수도원은 성 베네딕트의 가르침을 실현하며 이상적인 삶을 추구했던 요크 지역의 수도사 13명이 1132년부터 건립했다. 수도원이 처음 설립됐을 때만 해도 이곳 주변은 황무지나 다름없었다. 하지만 이곳을 세운 수도사들의 신앙과 경건한 생활방식, 가르침에 감화를 받은 사람들이 늘어나면서 얼마 지나지 않아 영국에서 제일가는 부자 수도원이 됐다. 이 시기 수도원에 헌금이 쌓이면서 재산은 크게 늘어났고 수도원 건물 규모도 계속해서 확장되었다.

예배당과 수도사들의 숙소 및 회의실 등 기본 건물들뿐만 아니라 감옥, 영안실, 방앗간, 빵집 등의 건물들이 속속 들어섰다. 초기의 공동체

설립 이상으로부터 점점 멀어지고 세속적으로 변해갔던 것이다.

건립 후 400년 동안 번영을 누린 수도원은 잉글랜드 국왕 헨리 8세가 종교개혁을 단행하면서 막을 내렸다. 1539년에 내려진 수도원 해산 조치로 인해 파운틴스 수도원의 수도사들은 이곳을 떠나야 했다. 그들이 떠난 뒤 증축을 멈추고 건물도 무너지기 시작해 폐허로 변하고 말았다. 폐허가 된 지 400여 년이 지났지만, 당시의 신성한 느낌은 지금도 여전히 전해지는 듯하다.

영화 〈해리포터〉의 촬영지 맬엄 코브

폐허가 된 수도원을 뒤로하고 조금 더 숲속으로 걸어가다 보면 18세기 영국식 정원이 그대로 보존된 훌륭한 공원이 나온다. 스터들리 왕립공원(스터들리 로열 워터 가든)이다. 운하와 연못, 인공폭포와 잔디밭 등 자연 경관을 그대로 살린 이 공원은 1718년 재무장관을 지낸 존 아이슬래비와 그의 아들이 설계하고 만들었다. 아들은 아버지를 이어 그림 같은 낭만주의 양식으로 조경지역을 확장시켜나갔다. 이 정원은 18세기 이후 여러 유럽 지역의 공원 조성에 막대한 영향을 끼쳤다고 한다.

수도원에서 차를 타고 남쪽 방향으로 10분 거리에 조그맣고 아름다운 소도시 리폰이 있다. 영국에서 세 번째로 작은 도시이자 1300년의 역사를 자랑하는 곳이다. 이 도시의 중심엔 17세기에 지어진 교도소 건물이 있는데 지금은 경찰·감옥 박물관으로 변했다. 그곳을 방문했던 날 흥미롭게도 요크 시의 신입 경찰들이 교육을 받고 있었다. 중세 시대부터 사람들을 훈육하고 벌주는 데 썼던 잔인한 형벌도구들에 대한 설명이었다. 이곳에 소개된 끔찍한 형벌들은 20세기에 들어와서야 법으로 금지됐다고 한다. 잔인한 형벌 도구를 전시해놓는 것은 과거의 잘못된 교정제도를 반성하고 잊지 않기 위해서라고 한다.

요크셔 지방의 협곡을 따라 서쪽으로 가다보면 석회암 경관이 빼어난 맬엄 코브 지역이 나온다. 드넓은 원형 경기장처럼 석회암 절벽으로 둘러싸인 이곳은 빙하기의 빙하들이 녹으면서 생겨났다고 한다. 80m 높이의 절벽에서는 1만 2천 년 전까지 폭포가 흘렀다. 이곳의 웅장하고도 기괴한 풍경은 지난 수백 년간 많은 예술가들과 작가들에게 영감을 주었다. 지금은 암벽등반 애호가들에게 최고의 사랑을 받는 지역이다. 바닥에 바위만 한 돌들이 쩍쩍 갈라져 있다. 어떻게 돌들이 갈라지게 됐을까? 빙하기에 녹은 물이 바위 틈새로 스며들었는데, 그것

이 다시 얼었다 팽창하면서 석회암 바위들을 갈라놓은 것이다. 황량하면서도 신비롭고 이채로운 장소였다. 이곳의 독특한 풍광 덕분에 영화 〈해리포터〉의 촬영 장소로 이용됐고 BBC의 여행 프로그램에서 소개되기도 했다.

피터 래빗이 탄생한 시골 마을

요크셔의 서쪽에 있는 호수 지역 '레이크 디스트릭트', 그중에서도 가장 넓고 아름다운 호수가 있는 윈더미어 지역을 찾았다. 이곳의 풍경을 처음 보는 순간 어린 시절 동화에서 보았던 유럽의 시골 풍경이 생각났다. 마치 동화의 그림들이 내 눈앞에 펼쳐진 것 같은 느낌이었다. 실제로 '피터 래빗'으로 유명한 동화작가 베아트릭스 포터Beatrix Potter가 이곳의 풍경에 영감을 얻어 작품들을 만들었다고 한다. 윈더미어의 시골길을 걷다가 양들의 울음소리가 가득한 곳으로 발길을 옮겼다.

목장에서는 농부들이 새끼 양들을 상대로 무언가 작업을 하는 중이었다. 양의 귀 끄트머리를 잘라 자기 양임을 표시하고, 약한 수컷들에

레이크 디스트릭트의 호수

게 간단한 거세 작업을 하고 있었다. 암컷들에게는 붉은색을, 수컷들에게는 초록색을 칠했다. 윈더미어 지역은 한때 양모 산업으로 유명한 지역이었다.

레이크 디스트릭트에는 호수 지역이라는 말 그대로 크고 작은 호수가 수십 개다. 시시각각 변하는 햇빛에 따라 산 빛과 호수의 빛이 변화무쌍하다. 얼핏 평범해 보이는 낮은 산과 호수, 벌판, 숲들은 한폭의 그림처럼 조화롭다. 호수를 좀 더 자세히 보고 싶어 이 마을의 선착장으로 향했다. 해마다 전 세계 1,600만 명의 관광객들이 이곳 호수 지역을 찾는다. 또한 영국인들이 국내에서 가장 많이 찾는 곳이기도 하다. 이곳의 자연경관은 훼손되지 않고 오랜 기간 그 모습을 간직해오고 있다.

대단한 유적지가 있는 것도 아니지만 영국의 시인들은 이 지역의 아름다운 풍광을 사랑했다. 바이런, 셸리, 키츠 등 낭만파 시인들은 자신들의 대표작품을 여기에서 썼고 그래서 그들을 호수파 시인이라고도 불렀다. 워즈워드는 윈더미어의 매력에 반해 평생을 여기서 살면서 작품활동을 했다.

윈더미어에서 멀지 않은 곳에는 영국의 스톤헨지라 불리는 원형 석조물 캐슬리그 스톤서클이 있다. 이 석조물은 기원전 3천 년 전에 만들어진 것으로 추정되는 선사시대 유적이다. 38개의 돌을 약 3m 간격으로 둥글게 세워놓았다. 지름이 약 30m 되는 이 원 안에는 다시 더 작은 원 모양으로 돌들이 놓여 있다. 이 석조물은 종교적인 목적이나 의식에 사용됐을 것으로 추정하고 있을 뿐 정확한 내용은 밝혀지지 않고 있다. 호수 지역은 빛이 사라지면 또 다른 풍경으로 변한다. 쓸쓸하고 황량하며 거친 불모지로 모습이 바뀌는 것이다. 그래서 이곳 사람들도 이 호수 지역을 황무지로 부르곤 했다.

캐슬리그 스톤서클

동굴로 들어간 30대 런던 직장인

1900년대 초 어느 영국인이 도시에서의 삶을 모두 버리고 깊은 산골에 들어가 친환경·무소유의 삶을 실천했다는 얘기가 화제가 된 적이 있다. 레이크 디스트릭트 근처 그가 살았다는 동굴을 찾아가기로 했다. 길을 가다보니 소와 양들이 남의 땅으로 가는 걸 막기 위해 설치한 울타리에도 사람이 넘을 수 있는 계단이 마련돼 있었다.

두 시간 산길을 오른 끝에 멀리 동굴이 보였다. 그 주인공은 밀리컨 돌턴Millican Dalton으로, 그는 30대 중반에 런던의 보험사무원 직장을 버리고 무작정 바로우데일의 깊은 산속으로 들어왔다. 도시에서의 노예 같은 생활을 뒤로한 채 그는 동굴 속에서 80세로 사망할 때까지 남은 삶을 보냈다. 사람들과의 유일한 교류는 이곳을 찾는 등산객들의 안내

밀리컨 돌턴이 지냈던 동굴

애프터눈 티

자 역할을 할 때뿐이었다. 동굴 속에서 고독한 생활을 하며 자연과 하나가 되길 원했고 그는 진정한 자유를 느꼈다고 한다.

정상에서 내려다보이는 마을을 찾아가봤다. 이곳엔 예전에 근처 산에서 채석을 했던 광산노동자들이 이용했던 찻집이 있다. 지금은 여행객들을 위한 찻집으로 변했다. 영국인들이 즐긴다는 애프터눈 티를 주문했다. 스콘이라는 빵에 홍차가 나왔다. 높은 산을 오르느라 느꼈던 허기 때문인지 맛있었다.

요크 시에서 차로 한 시간 정도 거리에 있는 멜턴이라는 조그만 도시를 찾았다. 이곳에선 1년에 한 번씩 떠들썩한 음식축제가 열린다. 치즈를 파는 가게에서 청록색의 치즈가 눈에 띄었다. 라벤더 향이 가미된 이 치즈는 맛이 느끼하지 않고 매콤했다. 영국의 음식축제는 큰 기대를 하고 찾아갔지만, 왠지 규모에 비해 음식의 종류가 풍성하지는 않아 보였다. 파이, 소시지, 케이크가 대부분이었다. 태국의 카레가 현

라벤더 향이 나는 청록색 치즈

지인들에게 인기를 끌었다. 자동차를 개조해 만든 샴페인바가 이채로웠다.

런던을 향해 출발하던 날 잉글랜드 북부의 도로 주변엔 노란색 유채꽃이 만발해 있었다. 유채꽃을 더 가까이 보고 싶어 꽃밭 사이를 걸었다. 꽃가루가 옷에 묻어 쉽게 떨어지지 않는다. 짧지 않은 이번 여행에서 얻은 이 아름다운 풍경들이 내 머리와 마음속에 오래 간직되길 바란다.

700년 동안 영국의 식민 통치를 받았고 1847년 대기근으로 인구의 반이 죽거나 이민을 떠났지만 아일랜드인들은 끊임없는 저항과 문화 및 전통을 지키려는 노력으로 켈트족의 정통성을 그대로 간직하고 있다. 어디에 눈을 두어도 푸른 초원과 새하얀 양으로 수놓인 그 땅에는 이제 풍요와 자유가 넘친다. 고난 속에서도 시들지 않는 열정으로 '예술'을 일궈낸 땅 아일랜드로 떠난다.

문학과
열정의 나라

아일랜드

_이병용

감자 대기근을 이겨낸 아일랜드

아일랜드의 수도 더블린에 도착했다. 한반도 면적의 3분의 1. 아일랜드는 '작은 나라'로 통한다. 녹음이 묻어나는 도시 속에서 여유롭게 웃는 사람들. 이곳은 작지만 평화로워 보였다. 사실 아일랜드는 지금의 평화를 누리기까지 많은 희생을 감내해야만 했다. 더블린 번화가에 자리한 오코넬 동상이 보인다. 대니얼 오코넬Daniel O'Connell은 19세기 초 영국의 식민지배로부터 해방운동을 이끈 인물로 아일랜드의 독립을 상징한다.

또 다른 동상은 뼈만 남은 몰골의 대기근 동상으로 역사상 가장 끔찍했던 재앙을 이야기한다. 1845년부터 7년 동안 아일랜드 전역의 농토에선 감자 마름병으로 감자가 썩어 들어갔다. 감자는 빈곤했던 아일랜드 사람들의 유일한 식량이었다. 당시 아일랜드에서는

더블린 Dublin

아일랜드의 중심지로 2003년 유럽에서 가장 살기 좋은 수도로 뽑힘
인구: 52만 7,600명
면적: 115km²

감자 대기근을 형상화한 동상

약 100만 명이 굶주림으로 사망했다.

7년 동안 이어진 감자 대기근으로 죽어가는 사람들을 보며 또 100만 명의 사람들이 아일랜드를 떠났다. 당시 사람들을 태웠던 이민선 지니 존스톤 호를 복원한 배에 올랐다. 낡고 작은 이 배는 한 번에 약 200명의 이주민을 태우고, 대서양을 횡단했다고 한다.

이민선이 향한 곳은 북아메리카였다. 그 많은 사람을 태우고 길게는 두 달이 넘는 항해를 했다. 이민선의 생활은 가혹했다. 몸을 포개야 할 만큼 좁은 공간에 음식도 형편없었다. 배 안엔 역병이 돌았고, 수많은 사람들이 죽음을 맞이했다. 당시 이민선을 사람들은 '시신의 관을 실은 배'라는 뜻으로 '관선'이라 불렀다고 한다. 이민선이 대서양을 건너

이민선 지니 존스톤 호

던 당시의 기상 조건은 좋지 않았다. 배의 승선환경에서 가장 위험한 것은 질병이었다. 당시 아일랜드 사람들에겐 죽는 것보다 먹고 사는 것이 더 힘든 일이었다.

무려 800여 년에 달하는 영국의 식민지배 끝에 아일랜드는 1921년 초 완전한 독립국가가 됐다. 더블린 중앙우체국은 1916년 부활절 주간 동안 아일랜드 독립군이 가장 강력하게 봉기를 일으킨 장소다. 5일간 무장투쟁이 이어졌고 영국군은 독립군 총사령부였던 이곳을 무차별 공격했다. 돌기둥엔 치열했던 그날의 흔적이 생생히 남아 있다.

당시 500여 명의 시민이 사망하고 2천 명이 넘는 사람들이 투옥됐다. 아일랜드 사람들은 여전히 그날의 투쟁과 독립을 기념하는 모임을 갖는다고 한다. 자유를 향한 신념을 끊임없이 되새기고 있는 것이다.

아일랜드에서 가장 악명 높은 감옥 킬메이넘을 찾아갔다. 1924년 문을 닫은 후 기념관으로 운영되는 이곳은 '아일랜드의 바스티유'라고 불린다. 독립을 위해 투쟁했던 수천 명의 사람들이 이곳에 투옥되고 처형당했다. 차갑고 비좁은 공간이었지만 봉기를 이끌었던 이들에게 감옥 밖의 세상은 감옥보다 더 비참했을 것이다. 봉기는 실패로 끝났지만, 그들의 죽음은 아일랜드 국민들에게 독립을 향한 의지를 심어주었다.

허기를 달래기 위해 레오버독 식당을 찾았다. 관광객들 사이에서 맛집으로 손꼽히는 곳이다. 이 가게는 올해로 103년째 하나의 메뉴만 고집하고 있었다. 튀김옷을 입혀 튀긴 생선과 도톰하게 썰어 튀긴 감자를 곁들인 피시앤드칩스다. 아일랜드를 대표하는 전통음식으로 대구와 같은 흰살 생선과 감자가 재료의 전부다. 이 가게엔 테이블이 없다. 모든 손님들은 종이로 포장한 요리를 구입해 갔다. 알고 보니 피시앤드칩

아일랜드와 생선

생선을 먹는 것은 아일랜드 가톨릭교와 관련이 있다. 중세시대 가톨릭교회는 매주 수요일과 금요일은 금식일로 정하고 고기 먹는 것을 금했지만, 찬 음식은 허락되었다. 그들은 '육류'는 더운 음식, 물에서 잡히는 '생선'은 찬 음식으로 여겼다. 따라서 금식일에도 생선을 먹을 수 있었고, 점차 금식일은 곧 '생선'을 먹는 날이 되었다. 그 풍습이 아일랜드에도 지금까지 계승된 것이다. 예전 만큼은 아니지만 여전히 아일랜드에서 생선은 인기가 있다.

스는 쉽고 빠르게 먹는 아일랜드의 패스트푸드였다.

식당의 벽면엔 샌드라 블록, 폴 매카트니 등 유명인들의 이름이 빼곡히 적힌 방명록이 걸려 있다. 세계 곳곳에 소문난 그 맛을 한번 느껴보기로 했다. 대구 살은 씹지 않아도 될 만큼 부드럽고 감자튀김은 짭짤하면서도 고소했다. 아일랜드에서 감자는 '국민음식' 재료다. 아일랜드는 전통적인 농업국가로 많은 인구가 여전히 감자 농사를 지으며 살아간다. 수많은 사람의 목숨을 앗아갔던 뼈아픈 역사를 이겨내고 아일랜드는 이제 자신감과 풍요로움을 되찾았다.

시궁창에 살면서 별을 보는 사람

더블린 시내 어디서든 원뿔 모양의 첨탑을 볼 수 있다. 영국의 해군 영웅인 넬슨 제독 동상이 폭파된 자리에 세운 것이다. 100m를 훌쩍 넘는 첨탑 앞에 서자마자 자연스럽게 뾰족한 끝을 올려다보았다. 어찌 보면 긴 바늘과 비슷한 모양이다. 아무리 고개를 들고 바라봐도 특별한 점을 발견할 수 없었다. 대체 이 첨탑은 어떤 의미를 지닌 걸까? 첨탑 앞에서 만난 한 사람은 첨탑을 보며 "우리 모두는 시궁창 속에서 살지만 그중 누군가는 별을 바라본다"는 작가 오스카 와일드의 말을 인용했다. 첨탑을 만든 사람도 별을 바라보는 마음으로 만들었을 거라고 말했다.

첨탑은 아일랜드의 변화를 보여주는 예술품이었다. 더블린에선 어디

더블린 작가박물관

서든 쉽게 예술을 접할 수 있다. 마음만 먹으면 예술가가 될 수도 있다. 자신만의 특기와 기죽지 않을 만큼의 용기면 충분하다. 이렇듯 자유로운 거리 공연을 보기 위해 매년 수만 명의 관광객이 더블린을 찾는다.

더블린은 지난 2010년 유네스코 문학도시로 지정됐다. 더블린 작가박물관을 방문하기 전까지 몰랐던 사실이다. 4명의 아일랜드 출신 노벨문학상 수상자와 아일랜드의 문학을 기념하는 더블린 작가 박물관을 찾았다. 소설 『드라큘라』와 『걸리버 여행기』 등 이름만 들어도 아는 작품의 고향 역시 아일랜드다.

더블린 작가박물관에 전시된 작품들

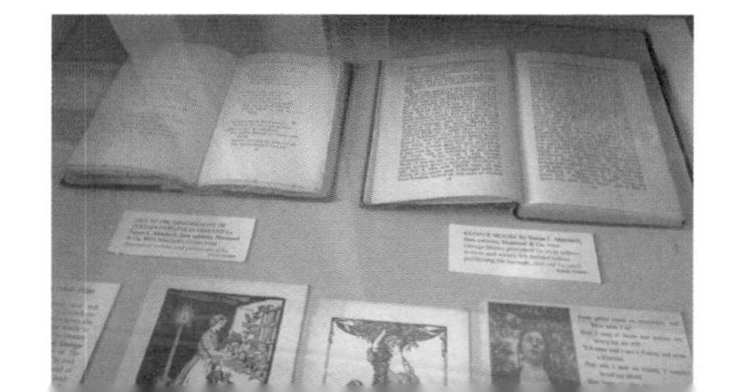

관광객들은 이곳에서 아일랜드 문학의 뛰어난 예술성을 느끼고 돌아간다. 아일랜드인이 가장 사랑하는 작가는 윌리엄 버틀러 예이츠와 제임스 조이스다. 아일랜드는 오랫동안 영국에 존속되어 있었기 때문에 스스로 목소리를 높일 필요가 있었다. 또한 아일랜드 작가들은 항상 영국과 비교당했기 때문에 독특한 목소리를 찾으려고 많은 노력을 기울였다. 더블린 골목에서 이뤄지는 연극을 관람했다. 내용을 모두 이해할 순 없었지만 한 가지만은 확실히 느꼈다. 문학을 향한 아일랜드의 열정이다.

해가 기울 무렵 아일랜드의 전통춤인 아이리시 댄스를 공연하는 식당에 들렀다가 우연히 아일랜드의 전통춤인 아이리시 댄스를 보게 되었다. 다리와 발을 빠르게 움직여 소리를 내는 모습이 탭댄스와 비슷했다. 그러나 아리시리 댄스는 탭댄스와 달리 손과 팔을 거의 움직이지 않는다. 아일랜드 사람들은 오래전부터 부엌이든 밭이든 장소를 가리지 않고 음악을 연주하고 춤을 추었다. 그만큼 풍류를 즐기는 민족이었다. 아이리시 댄스는 아일랜드인에게 특별하지만 지금은 세계 어디에나 퍼져 있다.

일어나 가리라,
이니스프리로 가리라

더블린을 떠나 '슬라이고'로 향했다. 가장 먼저 발길이 닿은 곳은 슬라이고 수도원. 13세기에 지어진 이 수도원은

슬라이고 수도원

600여 년이 흐른 19세기 말에 이르러 세계적인 명성을 얻게 되었다고 한다. 배경엔 이 지역을 휩쓴 역병 사건이 있다. 무덤은 200개지만 수천 명의 사람들이 수도원 전체에 묻혀 있다. 슬픈 사실은 무덤에 묻힌 사람 중 상당수가 살아 있었지만 전염이 우려돼 강제로 매장당했다는 것이다. 늦은 밤 그들은 무덤을 파헤치고 걸어나왔다.

이 수도원이 유명해진 이유는 무덤을 뚫고 나온 사람들 때문이 아니다. 1897년 그 이야기를 바탕으로 창조된 브람 스토커의 소설 『드라큘라』 때문이다. 세기를 넘어 기억되는 문학을 따라 쇠퇴한 수도원의 역사도 이어지고 있었다.

아일랜드의 서쪽 끝에 자리한 작은 항구도시 슬라이고는 수도 더블린만큼이나 유명하다. 아일랜드인이 사랑하는 또 한 명의 문학가 윌리

이니스프리 섬

엄 버틀러 예이츠가 살았던 곳이기 때문이다. 시내에 세워진 예이츠 동상은 빼곡히 시가 적힌 옷을 두르고 먼 곳을 바라보고 있었다. 그의 시선이 향한 곳 길gill 호수를 찾아갔다. 슬라이고에서 유년 시절을 보낸 예이츠는 고요한 이 호수의 풍경을 좋아했다고 한다.

날씨가 쌀쌀해서인지 평소 관광객으로 북적이던 호수는 한산했다. 유람선도 운항을 마감했다. 이대로 돌아갈 수 없어 유람선 선장에게 어렵사리 부탁해 길 호수를 둘러보기로 했다. 선장은 예이츠가 아름다운 시 「두니의 바이올린 연주자」를 썼다고 소개하며 배 이름도 시에서 따왔다고 소개했다. 예이츠의 열렬한 팬인 그는 호수를 둘러보는 내내 가이드 역할을 톡톡히 해주었다. 청년 예이츠는 런던에서 일하던 어느 뜨거운 여름날 거리에서 가게 유리창을 통해 분수를 보고는 길

블벤 산 아래 드럼클리프 교회

호수의 평화롭고 조용한 아니프리 섬을 떠올리며 이렇게 시를 썼다.

“나는 이제 일어나 가리라, 이니스프리로 가리라.”(「이니스프리 호수 섬」 중)

이니스프리는 길에 있는 작은 섬이다. 예이츠는 성인이 되어 타지로 떠난 후에도 항상 그 섬으로 돌아오는 꿈을 꿨다고 한다.

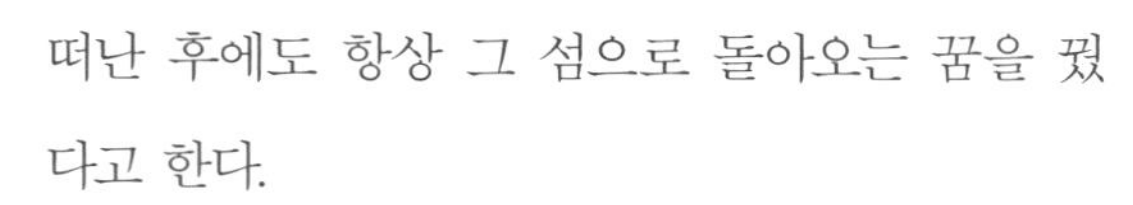

배로 둘러보기엔 거리가 너무 멀었다. 예이츠가 그곳에서 무엇을 보고, 무엇을 했는지 조금이라도 느껴보기 위해 섬 가까이로 걸어가보았다.

예이츠 동상

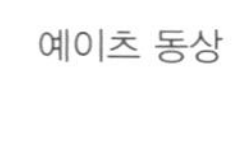

호숫물을 사이에 두고 이니스프리 섬을 마주했다. 그런데 시를 통해 보았던 황홀한 풍경과 달리 섬은 작고 초라했다. 하지만 실망도 잠시 이 작은 섬을 세상에서 가장 아름다운 곳으로 상상케 한 시인의 예술혼에 가슴이 벅차올랐다.

근방에 있는 불벤 산이 바라다보였다. 예이츠가 남긴 마지막 시 「불벤 산 기슭에서」의 배경이 되는 곳이다. 그는 이 시에 자신의 무덤을 묘사해놓았다. 그는 불벤 산 아래 자리한 드럼클리프 교회에 묻히기를 원했다. 이곳에 실제 그의 무덤이 있다. 서정적인 묘사로 유명한 예이츠는 문학활동과 함께 아일랜드 독립운동에도 적극 참여한 민족 시인이다. 그의 작품을 사랑했던 이들은 그가 잠들어 있는 장소에 찾아와 경의를 표한다.

한 관광객은 예이츠가 19~20세기의 가장 훌륭한 시인이며 아일랜드의 문학과 문화에 큰 영향을 끼쳤다고 평가했다. 아일랜드 국민들은 그의 시를 통해 황폐한 삶을 위로받았고, 다시 일어날 수 있다는 희망을 얻었다고 한다. 민족의 상처를 위로하고 치유했던 아일랜드의 예술의 힘이 강하게 느껴졌다.

아일랜드 미인대회의 선발 기준

쉽게 볼 수 없는 큰 행사가 열린다는 포트리쉬로 발길을 돌렸다. 도착해서는 살짝 실망했다. 대규모 행사라고 하기

아일랜드 전통 미인대회 참가 행렬

엔 너무 조촐해 보였다. 건장한 군악대의 퍼레이드를 상상했건만, 다섯 살 아이부터 아이 엄마까지 단란한 가족들의 행렬이 이어졌다. 대체 무슨 행사일까 호기심이 생길 때쯤 가슴에 띠를 두른 32명의 여성들이 클래식 카를 타고 줄지어 입장했다. 마을 잔치로 의심했던 이 행사는 정말 아일랜드를 대표하는 행사였다. 로즈 오브 트랄리Rose of Tralee라는 아일랜드 전통 미인대회다.

60여 년 전통의 이번 대회는 아일랜드 32개의 카운티 대표 미인들은 물론, 외국 동포들까지 총 60명의 여성이 참가했다. 전 세계 아일랜드인이 아일랜드 문화에 동참할 수 있도록 1년에 한 번 여는 큰 축제라고 한다. 아일랜드 지역공동체의 대표를 뽑는 의미이기 때문에 외모와 몸매보다 성실함과 책임감, 친화력의 중요하다. 지난 대회 우승자는 아

활기 넘치는 시민들

장터에서 판매하는 수제 쿠키

일랜드 혈통의 사람들과 가족들을 알고 지내게 되어서 행복했다고 말했다.

인구가 5만 명도 채 되지 않는 포트리쉬에서 오랜만에 넘치는 활기가 반가워서일까. 시민들은 축제를 맞이한 듯 들떠 있었다. 예술가들의 공연이 빠질 리 없다. 이제는 전혀 낯설지 않은 광경이다.

거리 한쪽엔 재래시장이 문을 열었다. 일주일에 한 번 열리는 장터는 근래 들어 가장 많은 손님을 맞이했다. 상인들은 모두 이 지역의 주민으로 대부분이 자신의 손으로 직접 만들거나 가꾼 물건을 가져와 판매한다. 때문에 이곳에선 똑같은 상품을 볼 수 없다. 음식도 마찬가지다. 상인들은 각자 자신 있는 하나의 메뉴만을 판매한다. 카레를 선보인 집이 있는가 하면 옆집의 주인은 햄버거에 일가견이 있어 보였다.

글렌달로그 원탑

이날 장터에선 쿠키와 빵이 카레와 햄버거를 제치고 인기 순위 1위에 올랐다. 보기만 해도 달콤함이 느껴졌다.

아일랜드 남동부 위클로 주에 위치한 유적지 글렌달로그를 찾아갔다. '두 개의 호수가 있는 골짜기'란 뜻을 지닌 이곳에는 6세기에 지어진 고대 수도원이 있다. 수도원에 들어서자마자 글렌달로그 원탑이 보인다. 종을 치는 탑이자 수도원의 귀중품을 보관하는 장소로 쓰였다. 11세기 초에 지어졌다는 이 원탑에는 특이하게도 출입문이 보이지 않았다. 당시 수도사들은 사다리를 타고, 약 3m 높이에 있는 작은 문을 통해 탑을 오갔다고 한다. 산속 깊이 자리한 이 수도원도 침략으로부터 자유롭지 못했다.

수도원 마당엔 빼곡히 켈트 십자가가 세워져 있다. 가로축보다 세로축이 길고 가운데 원이 있는 켈트 십자가는 태양을 숭배하던 아일랜드 원주민 켈트족에 가톨릭이 전파되며 생겨난 것이다. 14세기 말, 수도원은 영국군의 공격으로 폐허가 되었다.

수도원 옆으로 이어지는 길을 따라가면 태고의 자연이 살아 숨 쉬는 글렌달로그의 원시림을 만날 수 있다. 여유롭게 숲을 거닐던 사람들이 사슴을 보고 모두 한 곳에 멈춰 섰다. 이곳에선 숲길을 거닐다 어렵지 않게 야생 사슴을 만날 수 있다. 수도원 위쪽으로 호수가 있다. 옹달샘이라고 하기엔 굉장히 넓은 이 호수는 목마른 동물들의 쉼터다. 사실 이 호수 주변은 아일랜드 원주민인 켈트족의 마을이었다고 한다. 그러나 수도원이 공격을 받던 당시, 마을 또한 흔적 없이 파괴되었다.

문득 호수의 본줄기를 보고 싶어졌다. 그래서 위로 또 위로 올랐다. 산 아래까지 닿을 듯 길게 이어지는 골짜기를 타고 물이 흘렀다. 귓가를 울릴 만큼 물소리가 거셌다. 세차게 흘러가는 물줄기가 조금 애처롭게 느껴졌다.

블라니 스톤에 입을 맞추는 이유

아일랜드 최대 항구도시 코크로 이동했다. 이곳은 잊을 수 없는 슬픈 역사를 지니고 있다. 제일 먼저 '애니 무어와 그 동생들'이라는 제목의 동상이 눈에 들어왔다.

이들은 1845~1852년의 대기근 때 아일랜드에서 북아메리카로 이민 간 최초의 사람들로, 많은 사람들이 이곳을 통해 캐나다와 미국으로 떠났다. 그리고 제1차 세계대전이 한창이던 1915년 코크 연안을 지나던 여객선 루지타니아 호가 독일 잠수함에 의해 침몰했다. 이 사고로 1,200명의 탑승객이 모두 사망했다. 코크 시민들은 매년 항구 앞에 모여 추모식을 연다. 탑승객이 입었던 옷과 선원들이 썼던 모자를 쓰고 고인의 넋을 기린다. 그때의 아픔을 잊지 않기 위해서다.

코크 Cork

아일랜드 제2의 도시로 아일랜드 남부 정치 · 경제의 중심이자 중요한 국제항
인구: 11만 9,200명
면적: 37.3km²

'애니 무어와 그 동생들' 동상

항구 뒤로 이어지는 언덕에 올랐다. 마치 장난감을 세워놓은 것 같은 주택가의 풍경이 펼쳐졌다. 이 주택가는 코크의 명소가 된 지 오래다. 그런데 진짜 오래된 명소는 따로 있었다. 코크 시내에서 15분 거리에 있는 블라니 성이다. 이 성은 해외의 한 유명 잡지에서 죽기 전에 꼭 가봐야 할 곳으로 선정되기도 했다.

블라니 스톤에 입을 맞추기 위해 사람들이 줄을 서 있었다. 블라니 스톤에 입을 맞추는 이유는 달변의 재능을 얻기 위해서라고 한다. 말을 잘해서 사람들에게 매력을 발산하는 능력을 원하는 것이다.

믿거나 말거나 한 이야기지만 하루에도 수백 명의 사람들이 블라니 스톤에 입을 맞추기 위해 찾아온다. 오죽하면 입을 맞추도록 도와주는 직원이 상주하고 있을까. 평소 말주변 없기로 둘째가라면 서러웠던

블라니 성

나도, 체면 불구하고 나섰다. 달변이 아니면 다변의 재능이라도 얻길 바라면서 말이다.

블라니 스톤의 유래

블라니 스톤에 입을 맞추는 전통은 블라니 성의 주인인 아일랜드 귀족 코맥 매카시(블라니 경)와 영국 여왕 사이의 일화에서 유래한다. 영국 여왕 엘리자베스 1세는 아일랜드 귀족의 권력을 약화시키기 위해 코맥 매카시에게 블라니 성을 바칠 것을 요구했다. 이때 블라니 경은 유창한 말솜씨의 주술이 걸린 블라니 스톤에 입을 맞춘 뒤 여왕을 찾아가 말재간을 부려 위기를 모면했다. 그 뒤로 이곳의 성벽에 거꾸로 매달려 블라니 스톤에 입을 맞추면 블라니 경처럼 달변의 재능을 얻을 수 있다는 이야기가 전해지게 되었다.

아이슬란드
레이캬비크

토르스하운
페로제도
올레순
스웨덴
노르웨이
핀란드
헬싱키
난탈리
탈린
에스토니아
발가
예테보리
스톡홀름

북유럽
속으로

Northern Europe

설렘의 땅,
너는
아름답다

에스토니아 / 핀란드 / 스웨덴

발트해의 슬픈 보석: 에스토니아

호수의 나라, 행복을 담다: 핀란드 헬싱키

가을의 길 위에서: 스웨덴 예테보리, 스톡홀름

아름다운 성탄의 추억과 산타가 있는 나라. 세상에서 가장 평화로운 방식으로 독립을 쟁취한 사람들이 사는 유럽의 숨은 보석 에스토니아로 간다.

발트해의 슬픈 보석

에스토니아

_장민석

산타들의 회의가 열리는 도시

동화 속에나 나올듯한 중세의 모습을 그대로 간직한 나라 에스토니아. 수백 년 동안 이어져온 강대국들의 지배 속에서도 그들만의 고유한 문화를 지켜온 나라. 숲이 국토의 반 이상을 차지하고 유럽에서 가장 아름다운 크리스마스 마켓이 열리는 곳. 합창이라는 세상에서 가장 평화로운 방식으로 독립을 쟁취한 아름다운 사람들이 사는 발트해의 보석 에스토니아로 간다. 인천공항에서 핀란드 헬싱키를 거쳐 11시간 만에 유럽의 동쪽 끝 에스토니아에 도착했다. 우선 기차를 타고 '발가'라는 도시에 가보기로 했다.

나를 보고 아이들은 신기한 듯 장난을 쳤다. 그러고 보니 기차에 유독 아이들이 많이 타고 있다.

갑자기 기차 안이 소란스러워졌다. 무슨 일인가 했더니 산타 할아버지와 산타 할머니들

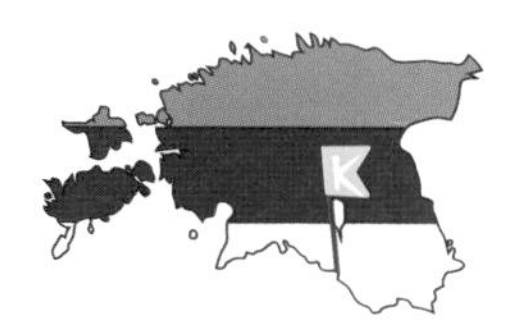

발가 Valga

에스토니아 남부에 위치한 도시로 발가 주의 주도
인구: 13,692명
면적: 16.54km²

산타와 아이들

이 기차에 탄 것이다. 뜻밖의 상황에 아이들도 신이 났다. 산타는 순록은 없지만 유모차를 개조해 만든 신형 썰매까지 갖췄다.

잠깐사이 '발가'에 도착했다. 발가는 재밌게도 도시의 반은 라트비아이고 나머지 반은 에스토니아에 속해 있는 작은 도시다. 기차역엔 발 디딜 틈도 없이 많은 사람들이 산타를 기다리고 있었다.

작은 도시가 이렇게 북적거리는 날은 아마 오늘이 거의 유일하지 않을까 싶다. 북유럽 각지에서 산타들이 모였다. 산타회의를 하기 위해서다. 성탄이 다가오는데 눈이 내리지 않아 산타들이 걱정을 했다. 이 광경이 내겐 재미있었지만 산타들은 매우 진지했다. 마을 주민들과 산타들은 화이트 크리스마스를 기원하며 라트비아 국경 근처까지 행진을 했다. 신식 썰매를 타는 산타도 보인다. 시끌벅적한 광경을 보기 위해

산타회의를 하기 위해 모인 북유럽 산타들

모두가 거리로 나왔다. 에스토니아의 가장 큰 축제인 크리스마스는 작은 마을 '발가'에서 시작되고 있었다.

오늘은 근처 르우게 농장에서 민박을 하기로 했다. 보통 자원봉사자들을 받는 이 농장은 겨울엔 일거리가 없어 일반 민박집으로 운영한다. 주인 아주머니가 반갑게 맞아준다. 오늘 묵을 방을 보여준다고 해서 따라 올라갔더니, 오두막집 지붕 아래 작고 아늑한 방이 하나 나왔다. 춥지 않을까 걱정됐지만 그렇지 않단다. 장작을 넣으면 금방 방이 따뜻해진다고 한다.

춥고 긴 겨울을 살아가는 북유럽인의 자신감을 믿어보기로 했다.

이곳엔 100년이 넘은 사우나가 있다. 요즘은 보기 드문 에스토니아식 전통 스모크 사우나다. 온도를 올리려면 4시간이나 걸린다고 한다.

에스토니아식 전통 스모크 사우나

아무리 작은 집에 살아도 사우나는 반드시 만든다는 에스토니아 인들. 사우나 사랑이 대단하다. 주인 아주머니가 뭔가를 보여주는데 옛날식 장작 오븐이다.

저녁은 에스토니아 가정식이다. 양배추를 절인 '물기캅사스'는 에스토니아의 김치다. '쉴트'는 우리나라 편육과 비슷하다. 돼지의 귀와 다리를 잘 씻어서 삶아 찌꺼기를 걷어내고 6시간 동안 낮은 불로 끓인 것이다. '블러드 소시지'는 에스토니아 사람들이 크리스마스에 꼭 먹는 음식이다. 돼지피를 넣어 속을 만드는데 꼭 우리나라 순대 같다. 순대와 맛도 거의 비슷하다. 그 익숙한 맛이 반가웠다. 한겨울에 동물의 피를 요리에 활용하는데 피에는 철분이 함유되어 있어 건강에 좋다고 한다. 북유럽에서 이토록 한국적인 음식을 만날 줄 몰랐는데 덕분에

에스토니아 가정식과 양배추를 절인 '물기캅사스'

든든하게 배를 채웠다.

에스토니아 사람들은 인생의 시작과 끝을 사우나와 함께 한다. 아마도 길고 혹독한 겨울을 나기 위한 지혜가 아니었을까. 나도 한번 해보기로 했다. 달궈진 돌에서 나오는 열기도 만만치 않았지만, 장작 연기가 계속 들어와서 숨쉬기 힘들었다. 사우나를 하던 사람들이 영하의 온도에도 호수로 뛰어들었다. 옆에서 보기만 해도 상쾌한 청량감이 온몸에 감돈다.

비루문

탈린의 아름다운 크리스마스 마켓

'덴마크인이 만든 도시'라는 뜻의 수도 '탈린'은 구시가지 전체가 유네스코 세계문화유산으로 지정될 만큼 옛 모습을 그대로 간직하고 있다. 이곳 비루문을 지나야 비소로 탈린의 구시가지로 들어갈 수 있다. 이 쌍둥이 탑이 내겐 중세와 연결되는 통로처럼 느껴졌다.

육중한 성벽은 16세기에 이곳이 북유럽에서 가장 견고한 성이었음을 짐작케 했다. 가지런하게 깔린 돌길을 따라 잘 보존된 건물

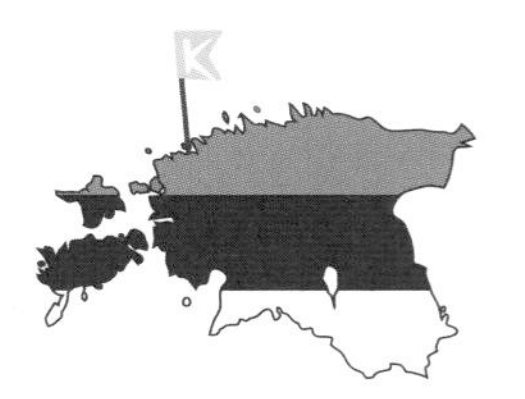

탈린Tallinn

에스토니아의 수도로 덴마크인이 만든 도시라는 뜻
인구: 약 44만 명
면적: 159km²

올드타운

들이 골목마다 이어진다.

조금 더 걸어가자 특이한 가게가 눈에 띄었다. 16가지 다양한 양념과 설탕으로 만든 아몬드를 파는 가게였다. 맛을 보라는 말을 듣고 아몬드 하나를 주기에 먹어봤더니 아주 맛있다. 중세시대 때 만들던 방식으로 만들었다고 한다. 내 입맛이 중세 유럽식인 걸까? 그때도 똑같이 만들었을지 궁금했다. 설탕과 계피를 섞은 듯한 소스를 데워 아몬드와 버무려서 그대로 식히면 완성이다. 특별한 것은 없어 보였지만 가게 앞은 종일 북적였다.

구시가지의 중심에는 광장이 있다. 곧 다가올 크리스마스를 준비하는 작은 상점들이 자리 잡고 있었다. 광장 앞에는 600년이 넘은 고딕 양식의 구 시청사 건물이 우뚝 서 있다.

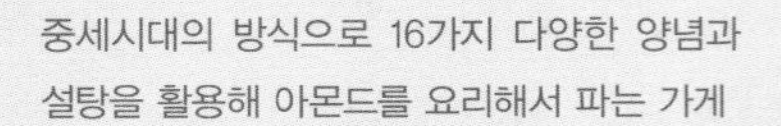

중세시대의 방식으로 16가지 다양한 양념과
설탕을 활용해 아몬드를 요리해서 파는 가게

소세지와 에스토니아 전통 음료 글뤼그

탈린의 크리스마스 마켓은 유럽에서 아름답기로 손꼽힐 만큼 명성이 자자하다. 마켓은 다소 한가했다. 이곳에선 크리스마스 용품들과 정성 가득한 수공예품들을 판다. 사람들이 모이는 곳엔 먹거리도 빠질 수 없다.

그런데 한 집 건너 한 집 유난히 눈에 많이 띄는 간판이 있다. 겨울에 마시는 글뤼그라는 에스토니아 전통 음료를 파는 곳이다. 글뤼그는 와인에 오렌지와 계피를 넣고 따뜻하게 데워 만든다. 몸을 따뜻하게 해주고 맛도 좋은 음료다. 마셔 보니 갑자기 목이 화해져서 좀 놀랐지만 맛있었다.

'부엌을 들여다 보아라' 성탑

탈린이 가장 강성했던 15~16세기에는 4.7km에 이르는 성벽을 따라 46개의 성탑이 있었지만 지금은 25개만 남아 있다. '부엌을 들여다 보아라' 성탑은 남의 집 부엌이 훤히 들여다 보일 만큼 높다고 해 붙여진 이름이다. '뚱뚱이 마가렛' 성문은 다른 성문들보다 조금 더 귀엽다. 거리를 걷다보면 구시가지 어디서나 눈에 들어오는 첨탑이 있다.

12세기 경 지어진 올레비스테 교회는 높이가 무려 124m다. 탈린의 구시가지를 한눈에 보고 싶어 과감히 첨탑에 올라가기로 했다. 나선형의 좁은 돌계단은 끝이 없었다. 후들거리는 다리를 부여잡고 힘을 내다보니 빛이 보였다. 문을 열고 나가니 마을 전체가 산타모자를 쓴 구시가지가 한눈에 들어왔다.

조심조심 뒤쪽으로 돌아가니 멀리 발트해까지 내다 보였다. 과연 중

시청 광장

세 탈린으로 들어오는 무역선들의 이정표가 될 만한 곳이었다.

1549년부터 1625년까지 올레비스테 교회는 유럽에서 가장 높은 건물이었다. 교회 첨탑은 그동안 탈린의 건축고도 제한의 기준이 돼 왔다. 이제 그 기준은 없어졌지만 탈린에서 가장 높은 건물임에는 변함이 없다. 어둠이 드리운 시청 광장은 오히려 더 밝아졌다.

트리에 불이 들어오고 왁자지껄한 노래 소리가 들려왔다. 노래 소리를 따라가 보니 여기저기에서 사람들이 춤을 추고 있다. 광장에 마련된 무대에서는 공연이 한창이다. 조금 내성적이라 생각했던 에스토니아 사람들은 알고 보니 흥이 넘쳤다. 무대가 한껏 달아오르고 에스토니아 전통 의상을 차려입은 공연 팀이 무대에 올랐다. 에스토니아 전통 춤이라는데 모두 아마추어로 구성됐다고 한다.

중세 분위기의 식당

무대 뒤가 궁금해 한 번 따라가 봤다. 대기실도 역시 무대의 긴장감과 흥분이 가득차 있었다. 오늘 저녁엔 좀 독특한 곳으로 가보기로 했다. 입구에서부터 범상치 않은 음악이 흘러나오고 중세 옷을 입은 종업원이 인사를 한다. 가게 안을 둘러보니 조명이라고는 촛불밖에 없다. 복장부터 작은 소품들까지 중세 분위기를 내기 위해 애쓴 흔적이 엿보인다.

악사들이 연주하는 신비로운 음악은 마치 중세시대 선술집에 와 있는 듯한 착각에 빠지게 만든다. 중세 식당의 사슴고기는 꽤나 먹음직스러워 보인다. 예스러운 분위기에 흠뻑 취해 식사를 했다.

중세의 도시 탈린, 이곳은 아직 600년 전의 시간이 흐르고 있었다.

올드타운의 성탑

이른 아침부터 남쪽으로 달려 탈린에서 1시간 반 거리에 있는 페르누에 도착했다. 해변이 유명해 에스토니아의 여름 수도로 불리는 페르누는 과거 한자동맹의 거점 도시였다. 내가 이곳까지 달려온 이유는 바로 그네처럼 생긴 키킹대회를 보기 위해서다. 이제 막 시작했는지 어린 선수들부터 차례로 경기가 치러졌다. 우리나라 그네와 똑같이 생겼는데 사람들이 타는 높이가 심상치 않다. 설마설마 했는데 결국 한 바퀴를 돌고야 만다. 키킹은 철봉으로 만들어진 긴 그네를 타는 것으로 길이를 늘려가며 한 바퀴를 돌아 기록에 도전한다. 다행히도 발은 그네 바닥에 단단히 고정했다. 무섭지는 않을까? 보고 있는 내내 손에서 땀이 났다.

키킹은 에스토니아에서 처음 시작된 스포츠로 에스토니아 사람들만 한다고 한다. 키킹은 돌아가기 직전 자기 몸무게의 5배를 들어 올려야 하기 때문에 엄청난 체력이 필요한 종목이라고 한다. 바로 옆에서는

키킹Kiiking 영어로는 SWING

여자부 경기가 열리고 있었다. 그네의 길이가 조금 짧긴 했지만 똑같은 조건에서 경기를 했다. 깔끔하게 성공을 해서인지 키킹에서 내리는 여자의 표정이 밝아 보인다.

현재까지 키킹의 세계기록은 7.02m로 2012년도에 세워진 기록이 아직 깨지지 않고 있다. 그냥 그네처럼 보이지만 생각보다 섬세한 기술과 훈련이 필요한 스포츠다.

다시 탈린으로 돌아왔다. 오늘은 트램을 타고 시 외곽으로 나가보려고 한다. 사람들은 우리나라처럼 카드를 찍으며 트램에 올라탔다. 카드가 없는 나는 2유로를 지불해야 했다. 모두들 녹색카드를 가지고 있었는데 뭔지 물어봤다.

알고보니 탈린 시민들에게 대중교통이 전부 무료라고 한다. 목적지

탈린의 트램. 탈린 시민들에겐 대중교통이 전부 무료다

까지 가는 동안 돈을 지불한 승객은 나 하나였다. 구시가지에서 트램을 타고 10분 정도 가면 카드리오그 궁전이 나온다. 상트 페테르부르크를 건설한 러시아의 표트르 대제는 1718년 부인 예카테리나를 위해 아름다운 바로크식 여름 별장을 지었다. 카드리오그 궁전이다. 안으로 들어가자 관람을 하고 있는 아이들이 있었다. 어딜 가나 아이들은 순수하고 귀엽다.

표트르 대제와 예카테리나가 사용했던 화려한 방에 들어갔다. 한쪽 벽면에는 예카테리나를 상징하는 글자와 다른 쪽에는 표트르 대제를 상징하는 글자가 마주보고 있다. 제정 러시아를 상징하는 머리가 셋 달린 독수리를 가운데 두고 화려한 방의 양쪽 면은 거울처럼 똑같은 모양이다. 아이들 수준에 맞춰 설명하는 선생님 이야기가 재미있다.

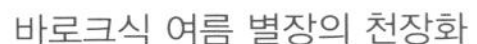
바로크식 여름 별장의 천장화

표트르 대제를 상징하는 글자

아이들은 본격적으로 천장의 그림을 보기 위해 바닥에 눕기 시작했다. 나도 이참에 슬쩍 끼어보기로 했다. 천장에는 그리스 신화가 그려져 있는데 사슴으로 변한 사냥꾼은 스웨덴의 국왕 카를 12세를 상징하고, 목욕을 하는 다아나는 그와 전쟁을 했던 표트르 대제 자신을 상징한다.

카드리오그 궁전

에스토니아 최대의 국립공원

나는 조금 더 멀리 나가 보기로 했다. 탈린에서 차로 약 40분 거리에 위치한 라헤마 국립공원은 크기가 725km²로 1971년 소비에트 연방시절 지정된 에스토니아 최대의 국립공원이다. 먼저 비루라바 습지대를 가기로 했다.

평일 아침임에도 불구하고 공원을 찾은 사람들이 있었다. 유튜브 여행 영상을 만드는 캐나다 청년들이다. 캐나다 사람들과 잠시 얘기하는 사이 우리는 첫 번째 습지호수를 만났다.

라헤마 국립공원의 습지대는 빙하기부터 존재한 것으로 간빙기 때 서서히 녹은 빙하가 만든 곳이다. 땅의 영양분이 부족해 대부분의 나무들은 왜소하다. 이끼와 흙으로 탁해진 물 색깔 덕분에 나는 마치 다른 별에 와 있는 것 같은 기분이 들었다. 여름이면 사람들은 여기서 수영을 즐긴다.

나는 특이한 폭포가 있다고 해서 에갈라 폭포를 찾았다. 겨울이라 폭포의 반 정도는 얼어 있었다. 뭐가 특이할까 싶어 폭로 아래로 내려가보니 물 색깔이 갈색이다. 폭포 위에서 누가 커피를 붓고 있는 것 같다. 아래에 있는 거품과 만나니 마치 카푸치노 같았다.

에갈라 폭포는 라헤마 습지로부터 내려오는 물 때문에 색이 갈색이다. 주로 화강암으로 이루어진 지반은 깔끔한 절단면을 만들어 폭포를 웅장해 보이게 만든다. 500만 년 전에 만들어진 이 폭포는 매년 평균 20cm씩 후퇴하고 있다. 10년 뒤에 찾아온다면 아마 지금과는 꽤

에갈라 폭포

다른 모습의 폭포를 만나게 될 것이다. 발트해를 접하고 있는 에스토니아는 그에 따른 섬만 2천 개가 넘는다. 그래서 나는 '여자의 섬'이란 별명을 가진 '나이사르 섬'에 가보기로 했다. '나이사르 섬'은 탈린에서 1시간 반 정도 걸리는 가까운 섬이다.

신기하게도 배는 항로만 입력하면 자동으로 운전을 했다. 덕분에 선장님은 여유로워 보였다. 그런데 우리 배 옆으로 커다란 여객선이 지나간다. 핀란드 헬싱키에서 오는 정기 왕복선인데 하루 6회 운항한다고 한다. 탈린 사람들은 일을 하러 핀란드로 가고, 핀란드 사람들은 관광을 하기 위해 탈린으로 온다.

과거 바이킹의 주 무대였던 발트해. 염분이 적어 겨울이면 얼어붙는다는 이 바다를 항해하다 보면 짠내가 없는 상쾌한 바람에 마치 다른 세상을 항해하는 기분이 든다.

나이사르 섬은 그리 멀지 않았다. 추운 날씨에 항구가 꽁꽁 얼어붙었다. 표지판에도 뭐가 쓰여 있는지 알아볼 수 없을 정도였다. 결국 얼음을 일일이 깨고 나서야 섬으로 올라갈 수 있었다. 섬을 돌아볼 투어 차량이 어딘지 모르게 익숙하다. 가까이 가보니 군용 트럭이다.

추운 날씨는 튼튼해 보이는 군용트럭까지도 꽁꽁 얼려버렸다. 더 이상 기다릴 수 없어 다른 차에 묶어 끌어냈다. 소비에트 연방의 군인처럼 우리를 트럭 뒤에 싣고 나서야 투어가 시작됐다. 차 내부를 보니 움직이는 게 더 신기할 정도로 오래된 차다. 섬의 험한 길은 투어 차량이 왜 군용 트럭인지를 알 수 있게 했다.

전설에 의하면 한 수도승이 섬을 방문했을 때 여자들밖에 없어서 '여자의 섬'이라는 이름이 붙었다고 한다. 이렇게 거친 섬이 왜 '여자의 섬'이라고 불리는지 몇몇 전설이 전해지지만 궁금함은 가시지 않는다.

나이사르 섬은 소비에트 연방 시절 일종의 군사기지였고 섬 곳곳에는 전쟁에서 사용됐던 무기들의 흔적이 발견된다. 1991년 독립하기 전까지 러시아의 지배를 받았던 에스토니아에는 전쟁의 상처가 여전히 남아 있다. 배를 폭파시키기 위해 만든 기뢰도 있다. 이 기뢰는 제2차 세계대전 이후 50~60년대에 소비에트 연방에 의해 만들어졌다. 당시 이 섬은 지도상에 없었다. 에스토니아는 제2차 세계대전으로 산업의 45%가 파괴되고 인구의 20%가 희생됐다. 주변 강대국들에 의한 지배와 그 때문에 얻은 에스토니아 사람들의 상처는 묘하게 우리의 그것과

긴다리 길

닮아 있었다. 오늘은 구시가지의 고지대로 가보기로 했다. 고지대로 올라가기 위해선 '긴다리 길'을 따라가야 하는데 옛날에는 사람과 마차가 모두 다니던 길이다. 고지대는 과거 탈린의 지배 세력들이 정치와 행정 목적으로 사용하던 건물들이 남아 있는 곳이다. 긴다리 길 끝 고지대에는 탈린 구시가지가 내려다보이는 전망대가 있다.

고지대에서 가장 눈에 띄는 건물은 알렉산더 네프스키 성당이다. 러시아가 에스토니아를 지배할 당시 권력을 과시하기 위해 가장 높은 곳에 세워진 정교회다. 성당 안은 미사가 열리고 있다. 치욕의 역사지만 에스토니아 사람들은 학습 효과를 위해 그대로 남겨두기로 했다고 한다. 네프스키 성당 맞은편을 보면 또 다른 건물이 있다. 바로 톰페아

알렉산더 네프스키 성당

성이다. 이 성은 덴마크부터 러시아까지 에스토니아를 점령했던 지배자들이 번갈아 가며 거주했던 곳이다. 지금은 에스토니아의 국회의사당으로 사용되고 있다. 내부가 궁금해 촬영 허가를 받고 한번 들어가 봤다. 외관과는 달리 현대적인 의사당 내부는 활기가 넘쳤다. 때마침 국회 본회의가 열리고 있었다. 빈 자리가 많이 보이는 건 의원들 각자 사무실에서 원격으로 회의에 참석할 수 있어서란다. 세계 최초로 선거에 '전자 투표'를 도입한 나라다웠다. 국회는 에스토니아의 입법기관으로서 101명의 국회의원으로 구성되어 있고 이들은 전국 각지의 지역구를 대표하고 있다. 매주 수요일은 법률안 최종 투표를 한다. 오늘도 구시가지에는 어둠이 내려앉았다. 비루문 근처에 사람들이 많이 모여

있었다. 가까이 가보니 무슨 촬영이 있는 모양이다. 인기 있는 밴드인지 소녀 팬들이 많이 몰려왔다.

오늘부터 본격적인 크리스마스 시즌이 시작된다. 4주 동안 열리는 탈린 구시가지의 크리스마스 마켓은 유럽에서도 가장 아름답기로 손꼽힌다. 에스토니아의 길고 긴 겨울은 그들이 겪었던 역사만큼 매섭고 가혹하지만 광장의 크리스마스 마켓은 그런 것쯤은 아무렇지도 않은 듯 눈부시게 아름답기만 했다.

해가 뜨지 않는 혹한의 겨울과, 해가 지지 않는 찬란한 여름의 두 얼굴이 있는 나라. 숲과 호수의 나라 핀란드. 자연 속에서 인생의 여유를 누리며 사는 사람들을 만나보자.

호수의 나라,
행복을 담다

핀란드 헬싱키

_ 김명숙

핀란드식
전통 사우나

핀란드는 두 얼굴이다. 해가 뜨지 않는 혹한의 겨울과 해가 지지 않는 찬란한 여름! 숲과 호수의 나라 핀란드. 지지 않는 태양 아래 인생을 즐기는 사람들은 자연 속에서 진정한 삶의 여유를 누리며 산다.

핀란드의 수도 헬싱키에 도착했다. 숲과 호수, 침묵으로 연상되는 핀란드의 분위기가 사뭇 다르다. 유난히 길고 혹독한 겨울이 가고, 여름이 왔기 때문이다.

시내 중심에 위치한 에스플라나디 공원에는 평일 낮인데도 사람들로 가득하다. 핀란드는 겨울이 7개월이나 되는데, 이 기간에는 하루 중 4시간밖에 해를 볼 수 없다고 한다. 핀란드 사람들은 여름이 오면 모든 것을 밖에서 한다. 야외에서 식사를 하고 아이들은 신나게 놀며 책도 읽는다. 여름이 되면 햇살

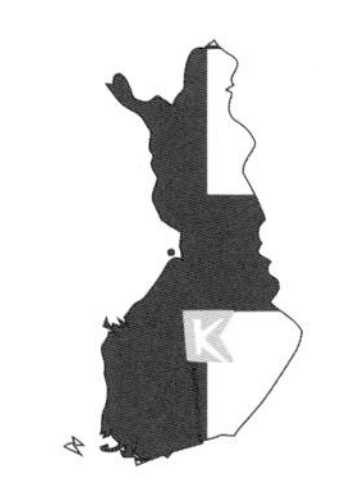

헬싱키 Helsinki

핀란드의 수도로 연중 다양한 축제가 열리는 도시
인구: 약 60만 명
면적: 715.49km²

바닷가에서 빨래를 하는 사람들

과 함께 사람들의 표정이 한결 밝아진다.

헬싱키를 감싸고 있는 발트해는 소금기가 거의 없어 겨우내 꽁꽁 얼어 있다. 발트해가 녹으니 사람들의 마음도 함께 녹는다. 바닷가에서 사람들이 빨래를 하고 있다. 도심 한가운데서 빨래라니 재밌는 광경이다. 햇빛을 즐기며 집밖에서 빨래로 스트레스를 푸는 일은 핀란드의 오래된 전통이다. 대신 천연 세제를 사용해야 한다. 소박한 핀란드 사람들의 일상을 보는 것 같아 마음이 훈훈해진다. 나는 그들의 일상을 좀 더 들여다보고 싶었다.

대통령궁 바로 앞에 재래시장이 자리잡고 있다. '헬싱키 시민의 부엌'이라고 불리는 곳이다. 알록달록한 채소 사이로 특히 인기 있는 것은 감자다. 핀란드 사람들은 주식이 감자라 하지 명절을 앞두고 햇감자를

감자를 주식으로 먹는 핀란드 사람들

사려는 사람들로 시장이 붐비고 있었다. 겨울이 긴 핀란드는 처음 수확한 햇감자가 맛있다. 감자를 생선과 함께 요리해서 먹으면 그 맛이 일품이라고 한다.

'대통령 커피'라는 이름을 간판으로 단 곳에 가봤다. 여기서 파는 도너츠와 커피가 유명하다고 한다. 대통령궁을 방문한 외국 대통령들도 다녀갔고, 핀란드 대통령도 편한 차림으로 자주 들른다.

'대통령 커피' 옆 노점에서는 사람들이 줄지어 서 있다. 뭔가 맛있는 것을 파는 곳인가 보다. 우리나라 빙어보다 조금 큰 무이꾸라는 생선을 기름에 튀겨 팔고 있었다. 핀란드 사람들이 좋아하는 영양 간식이다. 사진을 찍을 때 "무이꾸" 하며 포즈를 취할 만큼 친근한 생선이다. 2유로를 주고 1인분을 시켜 먹어봤다. 담백하고 고소한 게 맛있다. 어

생선을 기름에 튀긴 무이꾸

느새 갈매기가 모여들더니 무섭게 돌진해 내가 들고 있던 무이꾸를 낚아채간다. 사람들의 음식물을 노리는 포악한 도둑갈매기들 때문에 헬싱키 시가 고민이라고 한다. 급기야 '갈매기와의 전쟁'까지 선포했다는데 쉽게 해결되지 않는 모양이다.

신기한 게 눈에 띄었다. 화장실 같기도 하고, 조그만 집 같기도 한 이것은 이동식 사우다다. 사우나 내부가 궁금해서 들어갔다. 돌을 달구고 물을 뿌려 수증기를 만드는 핀란드 전통 사우나 모습이다. 전쟁 중에도 사우나를 했다는 핀란드 사람들의 사우나 사랑이 느껴졌다.

나도 숲으로 향했다. 핀란드는 국토의 80%가 숲과 호수로 이뤄져 있다. 핀란드 가정 대부분이 숲속 호수가에 개인 별장과 사우나를 가지고 있다고 한다. 공식 집계된 사우나 수만 200만 개 정도라고 하니 국

숲속 호수가에 있는 개인 별장과 사우나

민 3명 당 1명꼴로 사우나를 가지고 있는 셈이다.

자동차를 보유한 수보다 많다. 숲속에서 사우나를 하고 있는 사람들을 만났다. 사우나를 하면서 음식을 먹고 여름의 백야를 즐기고 있었다. 겨울에는 매우 어둡기 때문에 밖에서 할 수 있는 여름 사우나를 기다린다고 한다. 가족이나 친구와 함께 알몸으로 사우나를 하는 게 핀란드 방식이라고 한다. 핀란드 사람들은 사우나를 씻는 방법 중 하나로 생각하기 때문에 알몸으로 하는 것을 아무렇지 않게 여긴다. 성적인 의미를 부여하지 않는다.

나무로 불을 때 온도를 100도 가까이 올리고 달궈진 돌에 물을 뿌려서 수증기를 만든다. 자작나무로 온몸을 때리는 것도 핀란드식인데, 혈액순환과 피부미용에 좋다고 한다. 친구들끼리 서로 나뭇가지로 몸을 때리면서 즐거워한다. 그들은 집안에도 사우나를 설치하고 거의 매일 사우나를 즐긴다. 그렇게 사우나로 몸이 데워지면 그대로 호수로 나가 물에 뛰어든다. 호수물이 생각보다 따뜻하다고 한다. 사우나를 하고 호수에 뛰어들기를 반복하는 사람들. 사우나를 하지 않고는 핀란드 여행이 완성되지 않는다더니 그 이유를 알 것 같다.

다이너마이트 폭발로 생긴 세계에서 가장 오래된 교회

헬싱키 거리를 걷다보면 도심에 트램이 지나간다. 분위기가 서유럽과는 확연히 다르다. 러시아 상트페테르부르크나 모스크바 어디쯤 걷고 있는 듯한 느낌. 핀란드는 열강의 틈 사이에서 650년 동안 스웨덴의 지배를, 그 후 100년 동안 러시아의 지배를 받았다.

헬싱키는 러시아 통치 시절 수도로 정해지면서 계획된 도시다. 하늘에 빨래가 잔뜩 널려 있다. 핀란드 사람들은 집밖에 빨래를 널지 않는데 작품 전시 중이었다. 원로원 광장 언덕에는 헬싱키의 상징이라 할 수 있는 헬싱키 대성당이 있다. 핀란드는 국민의 80% 이상이 루터교 신자다. 이곳이 루터교의 총본산이라고 한다.

광장의 정중앙에는 제정 러시아 알렉산드르 황제의 동상이 있다. 왜 러시아로부터 독립하면서 철거하지 않았을까 의아했는데, 통치 시절 러시아어가 아닌 핀란드어를 사용하게 한 것에 대한 고마움 때문이라고 한다.

헬싱키 거리

헬싱키에서 세우라사리 다리로 연결된 한 섬을 찾았다. 이 곳에서 열리는 하지축제를 보기 위해서다. 들어서자마자 다람쥐 한 마리가 눈에 띈다. 이 마을 다람쥐들은 사람을 피하지 않는다. 자기가 숲의 주인인 걸 아는 모양이다. 축제장에는 이미 사람들이 모여 있다. 일 년 중 낮이 가장 긴 하지는 핀란드 최대의 명절이다. 핀란드에서는 옛날부터 하지 때 결혼을 많이 한다. 신랑, 신부 친구들의 전통춤이 이어지고 저마다의 방식으로 하지를 맞는다. 하지에는 나무에 불을 피워 나쁜 기운을 없애고, 가족의 다산과 풍요를 빈다. 그 모습이 낯설지 않은 게 우리의 볏집 태우기와 비슷하다. 지금 시각은 밤 11시! 아, 이게 백야구나 대낮같이 밝은 밤에 축제의 하이라이트가 시작된다.

물위에 쌓아올린 5m 높이의 나뭇가지에 신랑 신부가 불을 붙인다.

하지에 결혼을 많이 하는 핀란드 사람들

하지에는 나무에 불을 피운다

모닥불 속, 사람들의 염원이 환한 백야의 하늘 속으로 퍼진다. 파란 잉크를 쏟아 놓은 헬싱키의 밤하늘. 환한 백야의 첫 경험. 여행자는 잠 못 이룬다. 중앙역의 시계는 자정을 넘겼다.

다음날 아침 내가 찾은 곳은 헬싱키에 있는 템펠리아우키오 교회였다. 커다란 바위언덕을 파내고 그 안에 교회를 지은 모습이 인상적이었다. 내벽을 전혀 다듬지 않은 것이 자연친화적이다. 교회 관계자의 설명에 따르면 이곳에 바위로 된 언덕이 있었는데 바위를 이용해 교회를 짓자는 아이디어가 나와서 다이너마이트로 폭파하여 교회 공간을 만들었다고 한다. 교회는 1969년에 완공되었는데 세계에서 가장 오래된 교회라고도 말할 수 있는 게 18억 5천만 년이나 된 지질구조로 이루어졌기 때문이다. 벽면에 세로로 난 다이너마이트 자국이 선명하다. 특이한 건 실내에 등이 없다는 것이다. 자연채광이 주는 신비로움에 한참을 교회에 머물렀다.

헬싱키를 떠나 중부 내륙에 위치한 손카야르비 지방으로 향했다. 넓은 들판에 소들이 풀을 뜯고 있다. 여유로운 모습이 부러웠다. 마을 입구에 동네주민들이 모여서 게임을 하고 있다. 묠퀴라는 핀란드 전통게임인데 넘어지는 망에 써진 숫자만큼 점수를 얻는 단순한 놀이다. 나이나 건강상태에 관계없이 누구나 즐길 수 있는 게임이고 휠체어를 탄 사람도 할 수 있다. 팔에 던질 힘만 있으면 가능하다. 이 지역 묠퀴 선수들인 이들은 하루에 몇 시간씩 연습을 한다. 묠퀴에 대한 노래도 만들었다면서 들려준다.

조용하던 마을이 북적인다. 〈아내 업고 달리기 대회〉가 열리는 날이기 때문이다. 문을 들어서자마자 독특한 복장을 한 무리들이 눈에 띈다. 참가한 선수도 구경 온 사람들도 모두 즐거워 보인다. 인구가 5천

템펠리아우키오 교회

명도 안 되는 마을에서 이 행사를 위해서 500명이나 자원봉사로 일한다고 하니, 마을 사람들의 자부심이 느껴진다. 〈아내 업고 달리기 대회〉는 20회를 넘긴 국제대회다. 매년 해외토픽에 등장할 만큼 관심을 받는 행사다. 한쪽에선 여자들이 몸무게를 재느라 바쁘다. 49kg을 넘어야 한다. 몸무게가 모자라면 배낭으로 채운다. 여자는 꼭 아내가 아니어도 된다. 애인이나 친구끼리 출전하는 경우도 많다고 한다. 업는 자세는 자유지만, 에스토니아 사람이 여자를 거꾸로 매달고 우수한 성적을 거둔 이후로 거꾸로 업는 자세가 유행이란다. 선수들에게는 단 한 번의 기회만 주어지는데, 가장 기록이 좋은 팀이 우승자가 된다. 우승 상품은 여자 몸무게 만큼의 맥주란다.

핀란드인들의 대표 휴양지

핀란드 서남쪽에 위치한 난탈리는 핀란드 사람들의 대표적인 휴양지다. 항구는 요트를 가지고 휴가 온 사람들로 북적인다.

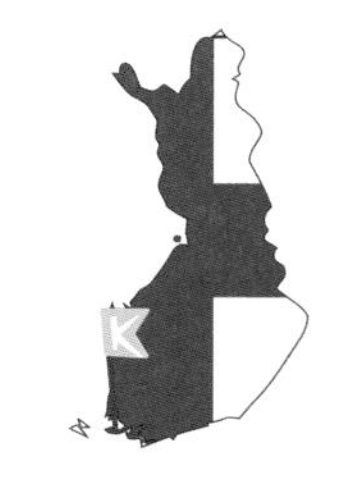

난탈리 Naantali

핀란드 남서부에 위치한 도시로 무민 월드로 유명함
인구: 18,834명
면적: 688.01km²

인근 지역에서 일주일간 휴가 왔다는 두 사람. 직장 동료들과 함께 매년 휴가 때마다 난탈리를 찾는다고 한다. 요트 안을 보여주겠다면서 나를 이끈다. 요트 안은 넓진 않았

난탈리는 핀란드 사람들의 대표적인 휴양지다

지만, 숙식을 해결할 수 있는 모든 시설이 구비돼 있다. 아직 아침식사 전이었다며 평소대로 식사를 준비한다. 샴페인은 손님 접대용이란다. 핀란드 사람들은 요트에 있으면 잔디를 깎아야 하는 귀찮은 일을 하지 않아도 되기 때문에 여름을 요트에서 보낸다고 한다. 바닷길이 잘 나 있어서 요트로 원하는 곳까지 이동하기도 편하다.

이들과 함께 항해에 나섰다. 난탈리 바다에는 크고 작은 군도가 많다. 공식적으로만 1천 개가 넘는다고 한다. 섬에 조그만 별장과 사우나를 짓고 여름을 보내는 것이 그들의 휴가법이다. 난탈리에만 이런 별장과 사우나가 2만 개가 넘는다고 한다. 이곳엔 대통령 여름별장도 있는데, 지금 보이는 곳이 대통령 전용 사우나라고 한다.

난탈리는 일조량이 풍부해서 '선샤인 시티'라는 애칭을 가지고 있다.

대통령 전용 사우나

항구 옆 구시가지로 가면 18~19세기에 지어진 핀란드 전통 목조 가옥들을 볼 수 있다. 부티크와 아트갤러리로 사용하는 집들도 많다고 한다. 나무의 질감이 따뜻하다. 아기자기하고 정감 있는 모습에 동화 속 나라에 와 있는 것 같은 착각이 든다.

한 주민이 집밖에 나와 뜨개질을 하고 있다. 식민지 시절부터 스웨덴 군인들의 양말을 짜던 경험이 많아 난탈리 주민들은 양말 짜는 기술이 뛰어나다고 한다. 1700년대 이 지방에서 생산되던 양말과 가장 비슷한 린넨실로 만든 양말을 보여준다. 옆에서 보다가 서툰 솜씨지만 나도 핀란드에서의 기억을 엮어 소중한 추억을 남긴다.

눈부신 햇살 아래 자연을 사랑하고 즐길 줄 아는 사람들. 그들의 넉넉함과 여유로움을 내 마음에 담아본다.

18~19세기에 지어진 핀란드 전통 목조 가옥들을 볼 수 있다. 부티크와 아트갤러리로 사용하는 집들도 많다고 한다. 나무의 질감이 따뜻하다. 아기자기하고 정감 있는 모습에 동화 속 나라에 와 있는 것 같은 착각이 든다. 자연을 사랑하고 즐길 줄 아는 사람들. 그들의 넉넉함과 여유로움을 내 마음에 담아본다.

드넓은 바다의 나라 스웨덴. 빨간 지붕과 파란 바다가 그림같이 펼쳐져 있고, 따뜻하고 친근한 사람들과 편안히 걷고 싶은 가을 풍경이 있는 곳. 그 아름다움을 찾아 스웨덴의 가을 속으로 간다.

가을의 길 위에서

스웨덴 예테보리, 스톡홀름

__정현경

바닷가재
블랙 골드

큰 예타 강이 흐르는 항구도시 예테보리에 도착했다. 17세기에 구스타프 아돌프 2세는 예테보리가 덴마크, 노르웨이, 영국 등으로 이어지는 스웨덴의 중심지임을 확신하고 도시 건설을 지시했다. 그후 예테보리는 발전을 거듭해 지금 형태의 도시로 확립됐다. 중심가 예타 광장엔 바다의 신 포세이돈 동상이 바다와 함께 발전해온 이곳을 상징하고 있다. 대형 선박제조 산업을 거쳐 이제는 IT 기술이 이끄는 현대적인 도시가 된 예테보리는 스웨덴에서 스톡홀름 다음으로 큰 도시다.

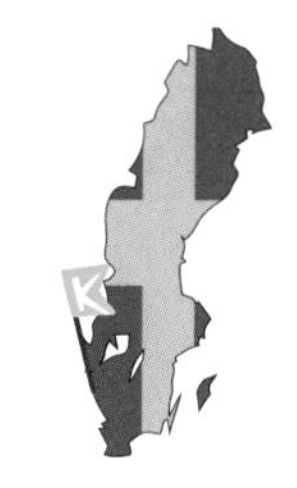

예테보리 Göteborg

스웨덴 해상교통의 중심지
이자 스웨덴 서부 해안의
인기있는 관광지
인구: 54만 9,789명
면적: 450km²

서해로 바닷가재를 잡으러 가는 날인데 새벽부터 우박이 내렸다. 갈 수 있을지 걱정됐지만 일기예보대로 날씨가 다시 맑게 갰다. 가을철엔 특히 날씨 변덕이 심하다고 한다. 차를 타고 그대로 카페리에 올라 섬으로 향

예테보리 서해 해안가 풍경

했다. 예테보리 서해에는 사람이 사는 10여 개의 섬들이 있는데 모두 도심과 연결되어 어렵지 않게 도착할 수 있다. 맑게 갠 파란 하늘과 바다, 그리고 빨간 빛깔의 집은 스웨덴 섬의 전형적인 풍경이다.

정년 퇴직 후 그저 바다 나가는 어부 일을 취미로 즐긴다는 보세 씨, 호칸 씨와 함께 북유럽의 바다로 출발했다. 픗외 섬에서 남쪽 빙야 섬까지 가는 동안 미리 넣어둔 통발들을 들어올려 고기를 잡을 예정이다. 이곳은 9월 마지막 주에서 10월 첫째 주가 게와 가재잡이 성수기라고 한다.

드디어 지점에 도착, 첫 번째 통발을 들어올렸다. 통발 안에는 제법 커 보이는 게들이 들어 있다. 그러나 어부들은 모두 바다로 던져버렸

통발로 고기를 잡는 어부

다. 빈 통발엔 다시 청어 미끼를 넣어 바다로 던졌다. 크기가 적당하지 않으면 절대 잡는 일이 없다. 언제든 다시 와서 잡을 수 있기 때문이라고 한다. 스웨덴 서해안에서 나는 가재들은 특히 귀하고 비싸 블랙 골드라 불린다. 두 마리가 나왔지만 제한 규정인 몸통 8cm 길이를 넘지 못해 한 마리는 바다로 던져졌다. 그들은 많이 잡아올리기보다 잡은 게와 가재를 꼼꼼히 기록하고 그저 바다에 한가운데 있는 시간을 즐기는 듯했다. 7개의 통발을 확인하는 2시간여의 작업 끝에 드디어 빙야 섬에 도착했다.

섬을 구경하기 전에 여름 가재 축제가 열리던 장소에서 잠시 쉬어가기로 했다. 보세 씨가 새벽부터 직접 만들었다는 샌드위치가 감동적이

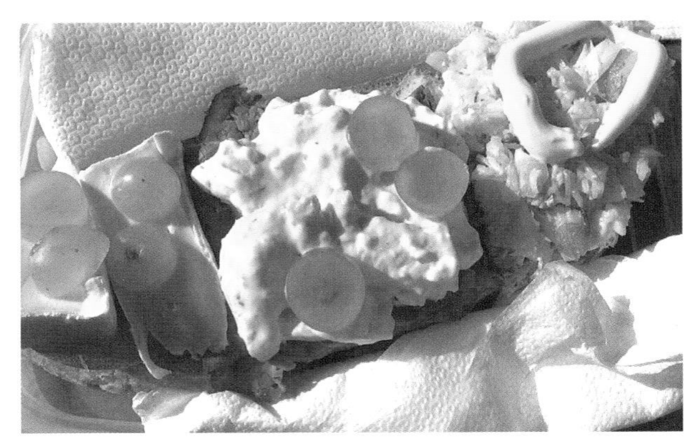

스웨덴식 오픈 샌드위치 스모르고스

다. 스웨덴식 샌드위치로 뚜껑이 열려 있는 것이 특징인 스모르고스다. 바로 어제 이 바다에서 잡은 게살로 만들었다는데 정말 신선하고 맛있다. 샌드위치와 함께 커피를 마시며 휴식을 취하는 지금이 바로 스웨덴 말로 '커피 브레이크'를 의미하는 '피카Fika'가 아닐까? 스웨덴 사람들은 커피에 가볍게 계피빵 정도를 곁들이는 '피카' 문화를 즐긴다고 한다.

빙야 섬은 여름휴가 때 붐비는 곳이다. 작은 교회에서 결혼식을 올리기도 하고 빨간 집에서 민박을 하기도 하는 스웨덴인들의 여름 휴식처다. 다시 푓외 섬에 도착했다. 구리광산이 많은 스웨덴엔 예부터 빨간 염료가 많이 났다고 한다. 빨간 지붕 집은 이제 스웨덴의 섬을 상징하는 색깔이 되었다.

아침 일찍 멋진 호수의 광경을 만나러 텔쉰 자연보호구역으로 갔다.

빙야 섬

오전 7시 무렵 호수엔 물안개가 잔뜩 끼어 있다. 스웨덴의 자연은 많은 돌들과 습한 이끼들로 가득해 버섯이 잘 자라는 환경이다. 자연에서 버섯이나 열매를 딸 수 있고 캠핑도 할 수 있는 권리인 '알래만스래트 Allemansrätt'는 1994년 헌법에서 제정된 스웨덴 국민의 권리다. 이 권리엔 자연을 훼손하지 않을 책임도 당연히 포함된다. 사람들은 따온 버섯에 혹시 독이 있는지 이곳 관리인에게 물어 확인과정을 거친다. 이곳엔 자연을 즐기는 사람들이 많았다. 학교 과제로 길 찾기를 하는 학생들을 만났다. 아이들이 이곳의 맑고 깨끗한 자연을 닮은 것 같다.

말괄량이 삐삐의 추억

스웨덴 사람들은 세계적으로도 건강 체질로 유명하다. 아침저녁으로 무리 지어 운동하는 사람들이 많이 보였다. 예테보리에서 가장 큰 공원으로 모나코 면적과 맞먹는 슬로츠스코겐에 가봤다. 숲속 공기가 무척 신선했다.

자연 동물원을 한 바퀴 돌고 나니 아이들로 붐비는 공원이 나왔다. 많은 아이들이 아빠와 시간을 보낸다. 스웨덴은 유럽에서 출산율이 가장 높은 나라 중 하나이고, 남녀평등도 세계 최고 수준인 곳이다. 꾸준한 사회제도의 뒷받침이 있어 놀이터에 엄마보다 아빠들이 더 많은 것이 일상적인 풍경이 됐다. 예테보리 식물원도 자연을 즐길 만한 또 다른 장소다. 많은 사람들이 가을의 정취를 즐기고 있다. 이곳의 아이들도 전에 만났던 아이들과 다르지 않았다. 북쪽의 척박한 바위들과 남

놀이터에 엄마보다 아빠들이 더 많다

쪽의 습한 지역으로 이루어진 땅을 직접 밟으며 스웨덴의 자연을 느껴 봤다.

예테보리의 도심 한가운데서 출발하는 유람선을 타보기로 했다. 저 멀리 생선교회로 불리는 교회 모양의 어시장이 보였다. 풍경을 즐기던 중 갑자기 가이드가 모두 의자에서 내려와 바닥에 앉으라고 한다. 승객들의 당황도 잠시, 배는 고개를 들면 머리가 잘린다는 미장원 다리를 무사히 지났다. 예테보리의 오래된 다리들을 건널 때마다 승객들이 한바탕 움직이며 이곳 여행의 특별한 기분을 맛본다. 덴마크로 떠나는 유람선을 비롯해 오래된 범선들까지 드나드는 예테보리 항구는 여전히 분주하다.

보트 위에서 보았던 생선교회에 직접 왔다. 예테보리 바다에서 갓 잡아온 해산물들이 가게마다 풍성하게 진열되어 있다. 생선교회의 오래된 이층 레스토랑은 그날 잡은 생선으로 요리하는 곳으로 유명하다.

예테보리 항구 어시장 생선교회

2층 레스토랑의 가자미 스테이크

갖가지 채소들과 함께 요리된 가자미 스테이크의 맛은 신선하고 부드러웠다.

예테보리의 가장 큰 구시가지 허가 거리로 갔다. 허가는 19세기 노동자들의 대규모 거주지였다. '왕관 보루'라는 뜻의 스칸센크로난은 17세기에 지어진 튼튼한 요새로 예테보리 지역을 강한 항구로 지켜왔다. 과거 조선소가 있던 높은 언덕에는 1914년에 완공된 마스툭스 교회가 있다. 이 교회는 스웨덴의 유명한 '민족 낭만주의' 건축물 중 하나로 손꼽힌다. 교회 천장을 배 모양으로 만들어 낭만적 애국심을 표현했다. 교회가 있던 지역은 19세기엔 예테보리에서 가장 가난한 동네 중 하나였다고 한다.

당시 스웨덴은 유럽에서 아주 가난한 나라였다. 힘든 과거를 딛고 일어나 발전을 거듭해 지금은 부국이 되었다.

마침 허가에서 일 년에 단 한 번 있다는 벼룩시장이 열리고 있었다.

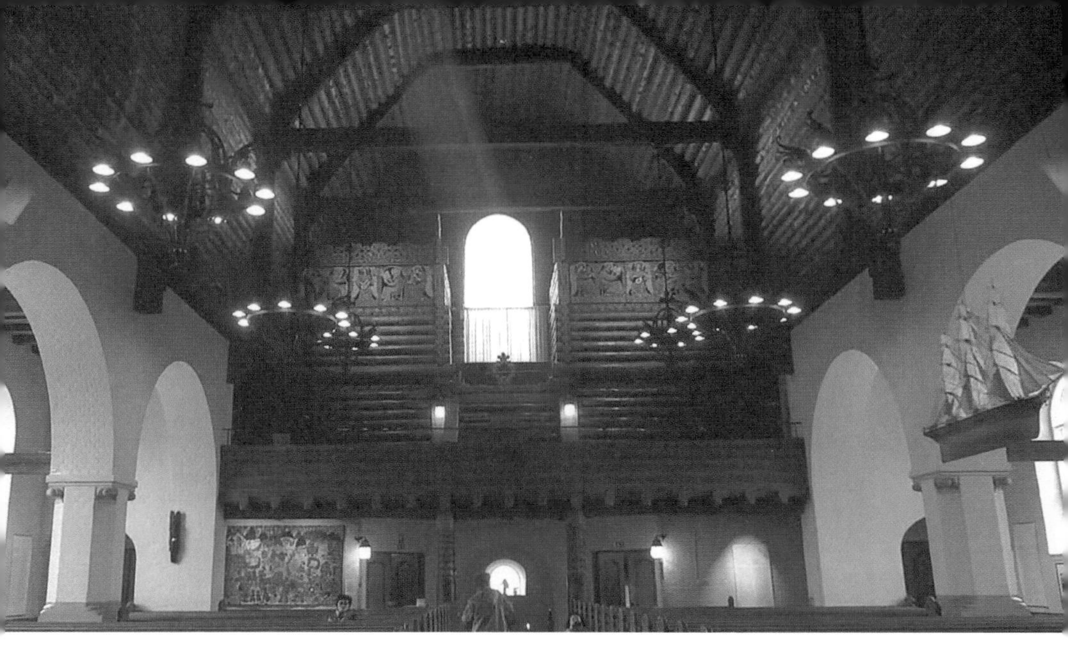

천장을 배 모양으로 만든 마스툭스 교회

사람들은 자신의 집에서 쓰던 물품들을 가지고 나왔다. 그 물건들에서 검소한 스웨덴인들의 모습이 느껴진다. 사람들은 따스하고 소박한 축제를 즐긴다.

스웨덴의 가을을 느끼기 위해 예테보리에서 남쪽으로 50km 정도 떨어진 근교 시골로 향했다. 이곳엔 바다를 바로 앞에 둔 셜뢰홀멘 성이 유명하다. 이 성은 스웨덴에 정착한 영국 부자가 스코틀랜드 스타일로 지었는데, 이제는 스웨덴 서쪽 해안의 아름다운 풍경이 되었다.

1970년대까지 조선소가 있던 에릭스베리는 이제 IT 기술이 발전한 지역이 되었다. 가을이면 예전 조선소가 있던 자리에서 전통적인 '예테보리 범선 축제'가 열린다. 바이킹 역사를 가진 선박의 나라 스웨덴이

예테보리 범선 축제

바이킹의 역사를 이어온 선박의 나라
스웨덴의 범선 축제

라고 자부할 만하다. 처음엔 왠지 무뚝뚝해 보이던 스웨덴 사람들도 축제 현장에선 참 친근한 느낌이다. 스웨덴인들에게는 '러곰'이라는 특별한 생활태도가 있다는데 한 범선에서 만난 이들에게 물어봤다. 그들은 "적당한 게 최고다. 넘치지도 모자라지도 않는 것을 의미한다"고 설명한다.

예전 선박을 그대로 재현해 얼마 전 중국까지 다녀왔다는 예테보리호가 축제의 위엄을 자랑한다. 축제를 즐기는 중 갑자기 익숙한 노래가 들려왔다. 어릴 적 좋아하던 〈말괄량이 삐삐〉의 주제곡이자 삐삐가 항상 부르던 그 노래다. 스웨덴에서 탄생해 전 세계 어린이들에게 용기를 준 삐삐는 아직도 스웨덴 어린이들의 친구다. 어릴 적 추억들이 떠오르는 순간이었다. 멀게만 느껴졌던 스웨덴의 이 도시가 이젠 그렇게 낯설지 않았다.

스웨덴의 자연을 닮은 아바의 노래

예테보리에서의 여정을 마치고 중앙역에서 기차를 타고 스톡홀름으로 향했다. 3시간 반 정도면 스웨덴의 수도 스톡홀름에 도착한다. 아름다운 도시 스톡홀름은 14개 큰 섬뿐 아니라 주변 3만 개가 넘는 수많은 군도들로 둘러싸인 곳이다. 영화배우 잉그리드 버그만과 그레타 가르보가 살던 도시라는 사실만으로도 멋진 곳이다.

식당에 들어가 청어 샌드위치를 시켰다. 이곳 사람들은 근해에서 쉽게 잡히는 청어 요리를 즐겨 먹는다.

현재 스웨덴 왕의 가족이 살고 있는 근교의 드로트닝홀름 궁을 찾아갔다. 이곳은 지금 한창 가을로 접어들었다. 궁까지 이어진 진입로의 가로수가 노랗다. 스톡홀름 시내도 노란 빛으로 물들었다. 채소가게에 진열된

스톡홀름 Stockholm

스칸디나비아 반도 최대 도시, '북방의 베네치아'로 스웨덴의 수도
인구: 92만 5,934명
면적: 6,519km²

감라스탄

제철 꾀꼬리버섯과 빨간 링곤베리도 가을의 신호다.

스톡홀름에서 꼭 들러봐야 할 곳은 중세가 그대로 보존되어 있는 구시가 감라스탄이다. 스톡홀름 관광객들이 가장 많이 찾을 만큼 유명한 곳이다. 세상에서 가장 좁은 골목이라는 모텐 트로치그의 골목에서 사진을 찍고 여유로운 피카 시간을 가졌다. 그리고 스웨덴 전통요리인 린드베리를 맛봤다. 감자와 고기를 잘게 썰고 계란 노른자를 얹은 쇠고기 린드베리다. 거기에 달콤한 링곤베리 잼을 덜어 아주 부드러운 식감의 쇼트블라르(고기완자)와 함께 먹는다.

나무를 직접 깎아 만든 전통 말 인형 덜라해스트는 감라스탄 구시가의 마스코트 같다.

세상에서 가장 좁은 골목이라는 모텐 트로치그의 골목

스웨덴 출신의 가수 그룹 아바

구시가에서 흔히 울려퍼지는 노래가 있다. 자신들 이름의 앞 철자를 따서 만든 그룹명 '아바ABBA의 노래다.' 그룹 아바는 편안한 음색과 귀에 쏙쏙 들어오는 아름다운 멜로디, 독특한 의상과 친근한 무대 매너로 전 세계적인 인기를 끌었다.

2013년에 문을 연 아바 박물관은 짧은 기간에도 스톡홀름의 명물이 되었다. 시내의 전차 종점에서 15분이면 아바 박물관이 있는 유르고덴 섬에 도착할 수 있다. 그곳엔 다양한 박물관들이 있다. 그중에서 평범해 보이는 건물이 아바 박물관이다. 아바의 골든 룸에 들어가니 아바가 활동할 때 입었던 의상들이 눈에 들어온다. 수많은 앨범들과 세계 각국에서 받은 감사패인 골든 디스크들로 가득하다. 당시 아바가 호주, 그리스, 영국을 비롯한 전 세계에서 최고의 사랑을 받았다는 증거인 셈이다. 이곳엔 지난 시절의 수많은 이야기들이 담겨 있었다.

아바 멤버들은 1970년대 스웨덴에 퍼져 있던 시민공원을 돌며 야외 공연을 하면서 처음 만났다. 그러고 보니 아바의 음악엔 스웨덴의 자연과 스웨덴의 고유한 감성이 담겨 있는 듯하다.

당시 아바는 스웨덴 문화를 대표했고, 그들의 음반 녹음과 제작 과정의 기술력이 대중음악 발달에 크게 기여했다고 평가받는다.

실용적인 디자인 스타일

시내의 중심인 세르겔 광장을 둘러보다 보면 단순하고 편안한 느낌의 북유럽 디자인의 제품들이 눈길을 사로잡는다. 스웨덴을 대표하는 유리공예에도 예술성 있는 디자인이 가미돼 인기를 끈다. 실용적인 디자인의 전통을 가진 나라답다. 스웨덴 공예의 역사와 발전은 그 어느 나라보다 깊고 사람들은 이런 제품들에 많은 관심을 가지고 있다.

스웨덴인들의 생활사를 볼 수 있는 북부 박물관으로 갔다. 17세기 이후 4세기에 걸쳐 이루어진 공예의 전통을 전시해놓았는데 상차림의 전시가 흥미롭다. 상차림은 부의 상징이기도 했다. 요리는 물론 가문의 권력과 지위를 나타냈고 다양한 디자인의 식기 관련 제품들도 함께 발전하게 된다. 특히 손님 방문을 중시하던 스웨덴의 문화에선 맛있는 비스킷과 커피를 만들어내는 것이 중요한 사교활동 중 하나였다고 한다.

유럽 강대국의 영향을 받았던 17세기의 스웨덴 공예 디자인은 오랜

북부 박물관의 상차림 전시

시기를 거쳐 서서히 북유럽 고유의 정제된 스타일로 변화하기 시작한다. 인테리어의 역사도 상차림의 역사와 다르지 않았다. 20세기에 들어서면서 디자인의 아름다움을 모두에게 제공하자는 민주적 디자인 개념이 생겨났다. 전통보다 실용성을 강조한 디자인은 스웨덴 복지의 또 다른 모습이다.

남에게 보이기 위한 겉모습보다 자신만의 삶을 가꿔가는 그들의 사는 모습은 어떨까? 그 모습을 보기 위해 스톡홀름에서 20여 분 거리에 있는 디자이너의 집을 방문하기로 했다. 집의 외양은 평범해 보였다. 하지만 집 안에 들어서니 화가인 그녀가 직접 그린 그림들과 놀랍게 환한 색채와 활기로 가득했다. 화사하지만 비싼 가구들로 치장한 집이 아니었다. 식탁 의자나 작은 가구들을 자신의 감각으로 모두 직

환한 색채와 활기로 가득한 화가 위니 씨의 집

접 만들어왔다고 한다. 초록빛 침실과 하늘이 올려다보이는 욕실에도 디자이너의 손길이 느껴졌다. 무엇보다 이 집의 비밀은 집 바로 앞에 펼쳐진 넓은 호수다. 이 모든 장소에서 느껴지는 활기로 예순일곱이라는 나이가 믿기지 않았다.

세워진 지 100년 이상의 전통을 가진 디자인 명문 대학 콘스트팍 예술공예 디자인 대학교를 방문했다. 이곳에서 열정이 가득한 젊은 학생들을 만나보기로 했다. 입구부터 남다른 느낌을 전해준다. 현대적인 공장 작업실 같은 분위기에서 학생들이 뭔가에 열중하고 있다. 이 대학에 입학하면 1학년 때 유리공예를 의무로 배워야 할 정도로 스웨덴에서는 전통 디자인에 대한 교육을 강조한다.

열다섯 살 때부터 유리공예 작업을 해왔다는 에브리나 학생은 뜨거운 불길이 전혀 위험하게 느껴지지 않는다고 한다. 작업 모습이 프로 못지않아 미래의 유리공예 대가를 미리 만나본 느낌이다. 유리공예는 학생들의 상큼한 디자인들이 가미되어 새로운 작품으로 탄생하고 있었다. 넓고 다양한 작업 공간에서 학생들이 마음껏 새로운 것을 실험하고 도전하는 모습이 인상적이었다. 좀 더 진지한 작업장에 들어섰다. 이곳은 석사과정 학생들의 디자인 작업이 이뤄지고 있는 곳이다. 최고의 디자이너를 꿈꾸는 학생들의 빛나는 눈동자에 신선한 에너지가 느껴졌다.

디자이너들이 스타 대접을 받는 나라 스웨덴. 콘스트팍 출신 스타 디자이너의 일터는 어떨지 궁금해졌다. 스웨덴에서 명성이 자자한 디자이너그룹 '프론트Front'의 작업실을 찾아갔다. 그곳은 의외로 소박했다. 샬롯 씨는 학창 시절 수많은 작업실 비밀번호들을 알아뒀다가 한밤중에 친구들과 함께 몰래 들어가서 실습하곤 했다며 그때의 친구들이 졸업 후 모여 젊은 디자이너그룹 프론트를 만들었다고 소개했다. 그들은 참신한 디자인들로 기성 디자인계를 놀라게 했다. 좋은 평가를 받았던 프론트의 특별한 디자인들을 하나하나 소개해주었다. 대부분 마술처럼 신비로운 느낌과 기존에 없던 새로운 감성을 불러오는 작품들이다. 특히 스웨덴의 동물들을 주제로 한 그들의 디자인은 전 세계적으로 인기가 높다. 일상생활에 꼭 필요한 것을 디자인으로 만드는 세심한 작업도 함께 이루어진다. 평범한 플라스틱 의자에 가죽 천을 덧댄 아이디어가 신선하다. 디자인은 우리 삶 가까이에 있다.

나도 그날 저녁의 여행지를 아주 특별하게 디자인하기로 했다. 탐정

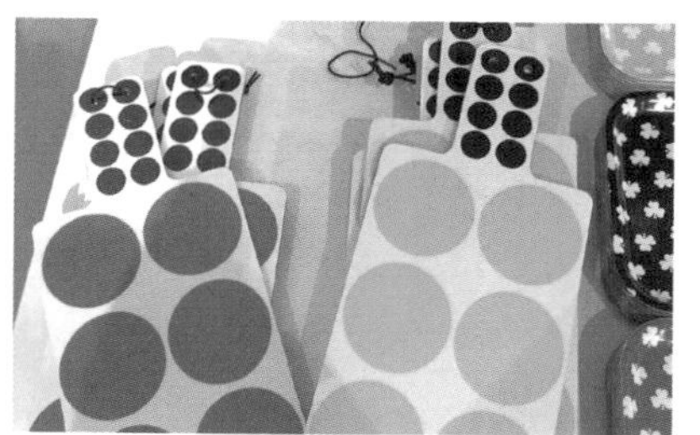

단순하고 편안한 북유럽 스타일의 디자인 제품들

소설에 나올 것만 같은 조용한 골목에 자리한 허름한 재즈클럽을 찾았다. 알찬 공연으로 이름난 곳이다. 저녁 8시 무렵, 작은 공간에 오밀조밀 모여 남녀노소 구분 없이 재즈의 스윙을 즐긴다. 낡은 카페의 분위기와 재즈가 흐르는 가을밤이 멋지게 어우러진다.

생각해보면, 사람들 모두 자신의 삶에 대한 디자이너일 수 있다. 여행을 마칠 무렵, 더욱 깊어가는 스웨덴의 가을 풍경들이 내게 더 아름다운 날들을 디자인하라고 속삭이는 것 같았다.

삶의 여유를 즐기다

노르웨이 / 아이슬란드 / 페로 제도

눈부신 빙하의 나라: 노르웨이 올레순

걸어서 세상 끝으로 : 아이슬란드 레이캬비크

자연이 남긴 북해의 진주 : 페로 제도

만년설로 덮인 산, 경이로운 피오르와 아름다운 호수, 맑은 빙하가 폭포가 되어 바다와 만나는 곳. 노르웨이는 수년째 세계에서 가장 살고 싶은 곳 1위로 뽑힐 정도로 삶의 만족도가 높은 나라다. 자연과 호흡하며 모험과 도전을 즐기는 사람들이 사는 곳, 노르웨이로 떠난다.

눈부신 빙하의 나라

노르웨이 올레순

_ 김일훈

섬세하고 아기자기한 예술 도시

수도 오슬로를 거쳐 비행기를 타고 1시간을 가면 노르웨이 서부의 항구도시 올레순에 닿는다. 대서양에 면한 항구와 7개의 섬으로 이루어진 올레순은 장어라는 뜻의 '올레'와 물길이라는 뜻의 '순'이 합해져 만들어진 이름이다.

아름다운 항구도시 올레순을 지키며 힘차게 솟아 있는 악슬라 전망대로 향했다. 총 418개의 계단을 오르면 270m 높이의 정상에 발을 디딜 수 있다. 악슬라는 어깨라는 뜻으로 이곳에 서면 마치 큰 거인의 무등을 탄 듯 올레순 전체가 한눈에 내려다보인다. 올레순 항구 앞에 코발트색 바다가 펼쳐져 있다. 저 멀리 빨간 모리에 등대가 보인다. 그 등대 옆으로 바다에 떠 있는 올레순이 마치 장난감 블록으로 세운 것 같은 건물들을 한

올레순 Ålesund

노르웨이에서 중요한 어업 항구이자 아르누보 건축양식과 가구산업이 발달한 도시
인구: 4만 5,033명
면적: 98.78km²

아르누보 양식의 건물이 특징인 올레순

장 한 장 꺼내 보인다.

올레순의 동화 같은 거리는 눈물로 탄생했다. 1904년 대형 화재가 발생하여 도시의 목조 건물들이 모두 불길 속에 재가 되어버렸다. 유럽 각지에서 유학하던 노르웨이의 젊은 건축가들은 고국으로 돌아와 3년에 걸쳐 대리석과 벽돌 건축물로 지금의 올레순을 다시 세웠다. 당시 유행하던 새로운 예술이란 뜻의 아르누보 양식으로 지어진 섬세하고 아기자기한 형형색색의 건축물들 때문에 올레순은 아르누보의 도시라는 별명을 얻게 된 것이다. 올레순에서 가구산업이 발달하게 된 것도 거기서 연유한다.

날씨가 좋아 배를 개조해 만든 야외식당에서 점심을 먹었다. 주문한 음식이 나왔다. 연어가 들어 있는 수프와 빵인데 매우 담백한 맛이었다.

시간이 훌쩍 지나 밤 10시를 넘겼다. 백야까진 아니지만 해가 무척

여름밤 올레순의 경치

길다. 하늘에 노을이 앉았는데도, 저 멀리 올레순 중심 시가의 수로를 볼 수 있다. 여름밤 올레순의 경치가 악슬라 전망대에 관광객들을 밤 늦게까지 붙잡는다. 바다 위 배와 등대에 불이 켜지는 것도 한참이 지나서다. 밤 12시가 다 되어서야 거리는 제법 밤의 느낌이 들고, 도시는 어둠에 덮인다.

바이킹 후예들의 엉뚱한 목조선 축제

'북쪽을 향한 길'을 의미하는 노르웨이에는 5만 개 이상의 크고 작은 섬이 있다. 올레순에서 남서쪽으로 20km 떨어져 있는 울스테인비크라는 섬마을로 갔다. 인구 6천 명 남짓인 이

울스테인비크의 목조선 경연 축제

마을의 주된 산업은 조선업이다.

마을의 중심 광장에 이르자 사람들이 어딘가로 향하고 있다. 사람들은 광장 옆 작은 선착장에 모여 모두 한곳을 응시하고 있다. 매년 이곳에서 열리는 목조선 경연 축제를 보러 온 것이다. 울스테인비크의 주민은 물론, 섬 밖의 가족들도 아이들을 데리고 축제를 보러 왔다. 구경꾼들이 모여 축제가 시작되기만을 기다리고 있다.

경연에서 이기려면 배에 동승한 조수가 바다로 뛰어들어 종을 울릴 때까지 버틸 수 있어야 한다. 축제에 참가하는 한 가족을 만났다. 목조선 마무리 작업을 하느라 매우 분주해 보였다. 선착장에 놓인 목조선 울라홈 호와 똑같이 만들기 위해 심혈을 기울여 배를 제작하고 있었다. 이 축제의 취지는 바로 울라홈 호의 유지 기금 마련이라고 한다.

목조선 경연 축제의 시간이 다가왔다. 경연축제 참가 선수들의 배도 조심스럽게 옮겨진다. 안전요원도 준비됐고, 축제가 시작됐다. 쓰레기를 재활용해서 만들었다는 배도 나왔는데 바퀴를 단 탈것의 아이디어가 돋보인다. 노르웨이 사람들은 바이킹의 피가 흐르는 걸까. 배를 만들고 타는 것을 즐거워한다. 엉뚱한 레미콘 모양의 배에 관객들이 즐거워한다. 바이킹 후예들의 엉뚱한 목조선 축제였다. 축제는 밤까지 이어졌다. 두 달 정도의 짧은 여름이지만, 낮이 길다는 것이 이들에겐 큰 위안이 되는 듯하다.

노르웨이에서는 특별한 명소가 아니어도 멈춰서 자세히 보고 싶은 곳을 지날 경우가 많다. 페리 선착장으로 가던 길에 우연히 보게 된 호수인데, 수면에 비친 하늘과 집이 수채화처럼 예쁘다. 바로 옆 호수에서 사람들 소리가 들려 가보니 아이들이 물놀이를 하고 있다. 노르웨이 전

역엔 빙하가 흘러내려 만들어진 호수가 20만여 개가 있다. 그래서 호수의 나라라 불리기도 한다. 자연과 그 속의 사람들이 참 잘 어울린다. 한 소녀가 호수 물에 풍덩 뛰어든다. 겨울엔 아이스하키를 하고, 여름엔 수영을 하는 아름다운 호수가 집 옆이라니 참 근사하다.

북유럽 최대 수족관과 연어 양식장

올레순 시내에서 3.5km 떨어진 곳에 위치한 대서양 수족관을 찾았다. 북유럽 최대 규모의 해양 수족관을 갖춘 곳으로, 바닷물을 가둬 물개와 펭귄 등을 키운다고 한다. 마침 물개들에게 먹이를 주는 시간인지 사육사 곁으로 물개들이 몰려든다. 그 물개들 뒤로는 대서양이 이어져 보인다. 노르웨이인들은 천혜의 자연을 보존하는 데 많은 애를 쓴다. 이 수족관도 바닷가의 경치를 그대로 감상

사육사가 물개에게 먹이를 주는 모습

할 수 있도록 설계되어, 마치 자연 상태에서 물개와 사육사가 교감하는 듯한 느낌을 준다. 바위 위로 펭귄들도 보인다. 여름 한낮에 펭귄이라니 낯설고 신기하다. 바위들도 해변에 있던 그 자리 그대로 놓아둔 채, 펭귄을 위한 친환경 야외 연못을 만들었다. 수족관 안의 펭귄을 바라보는데도 마치 자연 상태 그대로 생활하는 펭귄을 보는 것 같다.

대서양 수족관에서는 11개의 대형 수족관과 2개의 야외 연못을 통해 노르웨이 주변 북대서양 수역부터 피오르 해저에 있는 다양한 종류의 해양 생물들까지 자연 상태와 가깝게 관찰할 수 있다. 좀 전에 물개 먹이를 주던 사육사가 잠수복을 입고 있다. 매일 1시에 펼쳐지는 다이버쇼를 하기 위해서다. 수족관에는 4만L의 대양수가 들어 있고, 20여 종의 물고기 700여 마리가 대서양과 똑같은 환경에서 살고 있다.

먹이를 받아먹는 물고기 중 가오리 한 마리가 입모양 때문인지 먹이를 입에 넣지 못한다. 바닥에 가라앉는 모습이 측은해 관객의 웃음을 자아낸다. 사육사가 물고기 한 마리를 데려나오더니 칫솔질을 시켜준

대서양과 똑같은 환경에서 살고 있는 700여 마리의 수족관 물고기들

다. 사육사와 친한 물고기로 꼬리가 잘린 울프 피쉬다.

이 자연 그대로의 수족관은 어떻게 유지하는 걸까? 수족관 직원은 냉동실에서 무언가 보여줄 것이 있다며 냉동된 수달 한 마리를 들고 온다. 몽크피시 뱃속에서 발견된 것으로 물고기를 잡아먹으려다가 물고기에게 잡아먹힌 것이다. 뭉크피시가 삼키고 있던 상태 그대로 나온 셈이다. 수달을 잡아먹은 놈은 아니지만 몽크피시도 전시되어 있었다. 물의 도시 올레순의 수산업 역사가 1천 년이 되었다고 하니, 그 역사에 걸맞은 수족관이다.

해양국가 노르웨이의 여름 바다는 어떨까? 모터보트를 타고 바다로 나갔다. 출렁이는 보트를 타고 가길 40여 분. 한 곳에 자리 잡아 낚시를 시작했다. 바다 루어 낚시를 하는데 미끼는 청어 모양이다. 바다에 나와 해보는 낚시가 처음이라 많이 신기했다.

처음 다루는 낚싯대가 영 어색하다고 느끼는 순간, 갑자기 줄이 팽팽해진다. 물 밖으로 나오는 것을 보니 고등어다. 반찬으로만 먹어봤지 직접 잡아보기는 처음이라 신기하고 즐거웠다. 바다낚시로 막연했던 노르웨이의 여름이 생동감 있게 느껴진다.

바다낚시를 끝내고 세계 최대 수산물 양식 회사의 마린하베스트 연어 양식장을 찾았다. 차가운 북극해와 따뜻한 멕시코 만류가 만나서 일정한 수온이 유지되고 긴 피오르 해안을 가진 덕분에 노르웨이는 스칸디나비아 3국 중에서도 가장 수산업이 활발한 나라다. 노르웨이산 연어는 매일 전 세계 1,400만 명의 식탁 위에 올라간다. 양식장의 환경을 자연과 최대한 가깝게 유지하기 위해 한 양식장당 최대 20만 마리만 양식을 할 수 있다고 한다. 연어의 귀소 본능 때문일까, 계속해서 수면 위로 뛰어오르는 연어들이 여름 태양 아래서 매우 힘차 보인다.

피오르의 진주와 요정의 사다리

올레순 앞 바다를 뒤로하고 게이랑게르로 향했다. 피오르의 진주라고 불리며, 2005년 유네스코 세계자연유산으로 선정되어 있는 게이랑에르 피오르를 보기 위해서다. '내륙 깊이 들어온 만'이라는 뜻의 피오르는 빙하가 깎아 만든 U자 골짜기에 바닷물이 유입되어 형성된 좁고 기다란 만을 말한다. 죽기 전에 반드시 봐야

게이랑게르 피오르의 폭포

하는 절경 중 하나라는 게이랑게르 피오르는 6월부터 9월까지 여름 동안에만 통행이 가능하다고 한다. 게이랑게르 피오르는 길이 16km에, 깊이는 300m가 넘는다. 최근 온난화로 인한 해수면 상승으로 점점 규모가 커지고 있다.

관광객들의 카메라가 일제히 한 곳을 향한다. 너도나도 게이랑게르 폭포의 절정인 일곱 자매 폭포를 찍느라 바쁘다. 일곱 자매 폭포는 건너편에 위치한 구혼자 폭포와 함께 재미있는 전설을 가지고 있다. 어떤 마을에 일곱 자매를 사랑한 청년이 있었다. 그 청년은 일곱 자매 각각에게 구혼을 했으나, 그녀들은 술 마시길 즐길 뿐 모두 거절했다. 상심에 빠진 청년은 죽어서 폭포가 된 후에도 일곱 자매 폭포를 향해 계속 구애를 하고 있는 내용이다. 그러나 일곱 자매는 여전히 총각의 마음은 알아주지 않고 그 앞에서 춤만 추고 있다. 여름 태양 아래 무지

피오르 폭포 안쪽의 감상포인트

개가 뜨면서 250m 높이의 춤이 더욱 화려하게 보인다. 빙하가 녹아 피오르를 향해 쏟아지는 폭포들은 피오르 연안 이곳저곳에서 시원한 물줄기로 청정한 자연의 아름다움을 선사하고 있다. 악마의 틈새라는 절벽 앞을 지났다. 침식되어 깊이 파인 절벽 틈새에 1년 내내 햇빛이 비치지 않아서 붙여진 이름이라고 한다.

자그마한 어선에서 어부가 낚시를 하고 있다. 관광객들이 갑자기 박수를 치고, 유람선은 뱃고동을 울린다. 어부가 팔뚝보다 훨씬 큰 연어를 피오르에서 잡아올린 것이다. 자랑스럽게 자신이 잡은 연어를 다시금 들어올려 보인다. 피오르에선 연어 외에도 청어, 대구, 송어 등이 잡힌다.

유람선이 사람들을 피오르 옆 둑에 내려준다. 옆에 있는 절벽을 따라 트레킹 코스가 있기 때문이다. 250m 높이의 가파른 절벽에 스카게

플리달스주베 전망대

플러라는 버려진 농장이 있다. 중세시대에 만들어졌고, 1800년대에 절벽이 무너져 파손되었다. 어떻게 이 높이와 경사에 집과 농장을 짓고 살았을까 신기하다. 진입로가 굉장히 험해서 세금징수 관리가 오는 날엔 올라오는 사다리들을 걷어버려 그냥 돌아갈 수밖에 없었다고 한다. 노르웨이 왕실은 이곳에서 게이랑게르 피오르의 세계자연유산 선정을 기념하기도 했다.

피오르로 다시 내려왔다. 게이랑게르 마을 바로 위로 올라가면 플리달스주베라는 전망대에 갈 수 있다. 멋진 사진을 찍을 수 있는 곳이어서 노르웨이 피오르 관련 엽서에 가장 많이 등장하는 장소 중 하나다.

툭 튀어나온 바위 절벽 끝으로 다가갔다. 절벽 사이로 세찬 바람이 몸을 때리고, 80m 아래 보이는 계곡의 낭떠러지가 아찔하다. 370m 높이의 바위 끝에 조심스럽게 서서 게이랑게르 피오르를 내려다보았다.

늦은 시간이었지만 해가 긴 덕분에 숙소로 돌아가기 전 게이랑게르에서 약 3시간 거리에 있는 트롤스티겐 전망대에 들르기로 했다.

트롤스티겐이란 '요정의 사다리'라는 뜻으로 북유럽 요정 트롤Troll과 사다리Stigen의 노르웨이 합성어다. 정상에 이르기까지 11번 꺾이는 좁은 도로 구간을 지나야 한다. 전망대에서 바라보니 붉은 노을 아래 절벽과 계곡이 신비하고 웅장하다.

산속의 아름다운 호수 마을

올레순에서 남동쪽으로 2시간 30분 거리에 있는 산속의 호수마을 로엔은 노르피오르의 끝에 위치한 작고 예쁜 휴양 마을이다. 마을에는 아름다운 에메랄드 빛 로바트네트 호수가 빛난다. 더없이 평화롭고 고요해 보이지만 이곳에 슬픈 사건이 있었다. 마을의 람네피엘레 산에서 큰 바위가 절벽에서 떨어져나가 호수에 빠지면서 그 충격으로 호수에 대형 쓰나미가 발생했던 것이다. 1905년과 1936년 두 차례나 같은 일이 반복되었고 그때마다 마을을 덮치고 많은 주민들이 사망했다. 지금도 바위가 떨어져나간 산의 절벽에는 그 흔적이 흉물스럽게 남아 있다. 두 개의 마을은 폐허가 되고 흙더미만 남아 있고, 호수 사이에 있던 다리는 이제 그 파편만 있을 뿐이다. 피해 시신들은 아직도 호수 밑 침니에 깊이 가라앉아 있다. 그때 호수에 있던 배는 쓰나미 충격에 공중으로 날아올라 마을 한가운데에 떨어져 80년이 지난 지금도 그 자리에 그대로다. 쓰나미가 얼마나 컸을지 짐작이 간다. 마을에 마련된 추모비에는 130여 명 사망자들의 이름이 적혀 있다.

자연과 시간은 그 상처를 다시 치유해줬다. 마을엔 새로운 캠핑장들이 조성됐고, 관광객들은 휴식을 찾아온다. 호수 바로 앞에 고흐의 그림에서 봤음직한 초록색 목초지와 목조 방갈로들이 눈에 띈다. 이곳은 브렝 농장으로 여름에만 별장으로 이용된다고 한다. 방갈로 지붕에 잡초가 무성히 자라 있는 모습은 노르웨이 목조 주택에서만 볼 수 있는

브렝 농장의 전경

특이한 광경이다. 여름에는 시원하고 겨울에는 보온 효과가 있다고 한다. 호수와 방갈로와 목초지가 있는 브렝 농장의 전경은 전 세계 관광지를 대표하는 이미지로 유명하다. 마을의 여대생이 이곳을 찍은 사진이 세계 관광지 사진 콘테스트에서 일등을 차지해 뉴욕 타임스퀘어의 전광판에 전시되었던 것이다. 로엔 마을에는 빙하가 녹아 흘러 곳곳에서 마을 호수를 향해 흐른다. 람네미엘 폭포는 높이 800m로 세계에서 11번째로 높은 폭포다. 빙하 중에서 단연 눈에 띄는 것은 시에날스브렌이라는 빙하다. 마치 왕관 모양으로 햇빛 아래에서 반짝이고 있어서 마을에 보석을 박아놓은 것처럼 아름답다. 지구 온난화로 이 아름다운 빙하들이 많이 줄어들고 있어 안타깝다.

시에날스브렌 빙하
왕관 모양으로 보석을 박아놓은 것처럼 아름답다.

빙하는 오랜 세월 녹지 않은 눈이 쌓이고 쌓여 형성되는데 위에서 누르는 압력이 어마어마해 빙하 내부에는 공기도 없고, 불순물도 없다고 한다. 그래서인지 빙하가 녹은 물은 더없이 맑고 깨끗하다. 이곳의 물이 전 세계에서 가장 맛있고 비싸다고 자랑할 만하다. 빙하 바로 밑에서 물을 마셔보았다. 한여름에서 태고의 빙하시대로 순간 이동을 시키는 시원한 맛이었다.

다시 올레순으로 돌아왔다. 평화로운 일요일 오전, 올레순 교회의 종소리가 크게 울린다. 프레스코와 스테인드 글라스로 화려하게 장식된 이 교회 역시 1905년 대화재 때 불탄 후 다시 세운 건물이다. 노르웨이는 루터 복음교가 헌법상 국교로 정해져 있으며 신자는 인구의 약 80%를 차지한다.

척박한 자연환경을 원망하지 않고 오히려 사랑하는 마음을 가져서일까? 노르웨이 사람들은 신에게서 빙하로 빚은 대자연을 선물받았다. 자연 속에서 눈부시게 빛나는 나라 노르웨이를 직접 걸어볼 수 있어서 행복하다.

북대서양 얼음의 땅 아이슬란드에서는 끓어오르는 대지의 뜨거운 열기를 시원한 폭포와 푸른 빙하가 식혀준다. 지구의 끝, 북극과 가까운 나라. 그곳에서 새로운 희망을 본다. 낯설기에 더 궁금하고 매력적인 미지의 나라 아이슬란드로 떠난다.

걸어서 세상 끝으로

아이슬란드 레이캬비크

_손병규

한여름의
백야

레이캬비크는 '연기 나는 항만'이란 뜻으로 그 지명은 최초 상륙자가 온천에서 오르는 수증기를 그렇게 부른 데서 유래한다. 아이슬란드 인구의 65%가 행정·산업의 중심지인 레이캬비크에 거주한다. 밤 11시가 넘은 시각이지만, 수도의 중심가는 초저녁이다. 여름에 해가 완전히 지지 않는 백야 현상 때문이다. 그러다보니 륀튀르라고 불리는 아이슬란드 식 펍 순례는 금요일 밤에 시작해 일요일 오전에 끝이 난다. 노래 소리가 들리는 한 카페로 들어갔다. 새벽 1시가 되어야 사람들이 제법 들어차는데, 그 무리에는 유럽 각국의 관광객들이 많이 섞여 있다. 레이캬비크의 하얀 밤은 깊어질 줄 모르고, 사람들은 하얀 밤으로 잠 못 이룬다.

레이캬비크에서 한 시간 남짓 북동쪽으로

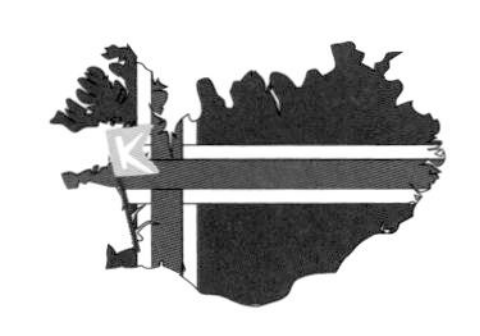

레이캬비크 Reykjavik

세계 최북단의 수도로
수산업이 발달하고 온천도
시로도 유명함
인구: 13만 345명
면적: 273km²

'소원을 비는 샘'이란 뜻의 웅덩이 패닝가야

달려간 곳은 싱그베들리르 국립공원이다. 고대 아이슬란드 사람들의 역사와 문화가 담긴 싱그베들리르의 자연환경은 독특하다. 초원의 늪지대가 다양한 생태계로 구성돼 있어 아이슬란드는 이곳을 1930년에 국립공원으로 지정했고, 2004년에는 유네스코 세계문화유산에 등재되었다.

싱그베들리르에는 많은 지명들이 있는데, 저마다 사연을 간직하고 있다. '플로사야'는 자유를 위해 연못에 몸을 던진 노예의 이름을 따서 지은 것이다. 그리고 '패닝가야'라고 부르는 웅덩이는 '소원을 비는 샘'이란 뜻이다. 사람들이 소원을 빈 흔적이 곳곳에 남아 있다.

싱그베들리르 협곡 정상에 오르면, 이곳의 지리적 환경을 한눈에 알아볼 수 있다. 특히 1,300km²에 달하는 싱그바들라바튼 호수가 장대한 모습을 드러내는데, 아이슬란드에서 가장 큰 호수다. 이 호수는 아이슬란드 사람들의 다음 세대를 위한 거대한 자연자원이다. 싱그베들리르는 대서양 중앙 해령이 관통하는 지각 변동의 끄트머리에 자리하고 있어 지질학적으로도 중요한 곳이다. 북미 대륙판과 유라시아판이 분리되는 것을 분명하게 관찰할 수 있다. 두 개의 판이 계속 갈라지면서 틈새와 도랑을 만들고 있다.

빵 터지는 물기둥
게이시르

다음 행선지는 싱그베들리르에서 동쪽으로 50여 분 거리에 있는 게이시르다. 이 지역은 수증기가 지표면에서 쉴새 없이 피어올라 처음 보는 사람들에게는 놀랍고 색다른 경험을 선사하는 곳이다. 뜨거운 김이 뭉게뭉게 피어나는 사이로 야생화들이 지천에 깔려 있는 것이 묘한 대조를 이룬다. 척박한 땅에서 이겨낸 끈질긴 생명력이 아름답다.

야생화와 눈앞을 가리는 수증기 지대를 벗어나면, 수십 개의 웅덩이들이 곳곳에 널려 있는 것을 볼 수 있다. 어떤 것은 웅덩이에서 물이 펄펄 끓으면서 용솟음친다. 이것이 바로 우리말로 간헐천이라고 부르는 게이시르다. 화산지대인 지표 근처에 뜨거운 물이 모여 있다가 지하 수증기압이 높아지면서 물이 솟구치는 것을 말한다. 관광객들이 숨죽여 물기둥이 솟구치길 기다린다. 물기둥은 예고 없이 빵 터진다. 이 게이시르는 아이슬란드에서 가장 활동이 잦은 간헐천이다. 10분에 한두 번 분출하는 물기둥을 보려면 방심은 금물, 집중해야 한다. 물기둥의 높이는 20~30m로 가끔 40m 높이까지 분출하는 경우도 있다고 한다. 물기둥이 용솟음칠 때마다 놀라움의 환성과 물벼락 맞은 사람들의 탄성이 어우러진다. 터키옥처럼 푸른 빛깔의 이 간헐천은 한때 60m 높이까지 물보라와 증기를 뿜어올렸던 적이 있다고 한다.

싱그베들리르, 게이시르, 귀들포스 세 군데를 일컬어 '골든 서클'이라고 한다. 골든 서클의 마지막 여정인 귀들포스로 갔다. 귀들포스는 '황금 폭포'라는 뜻이다. 폭이 20m에 달하는 거대한 협곡으로 떨어지는 세찬 물줄기가 장관을 이룬다. 귀들포스는 계단 형태의 3단 폭포다. 크비타 강의 엄청난 수량이 눈과 귀의 감각을 뒤흔들어놓는다. 수많은 나라를 여행해봤다는 한 여행객은 아이슬란드는 모든 게 자연 그대로이고 독특하다고 말한다. 환상적이고 훌륭하다는 칭찬을 아끼지 않는다.

귀들포스에 한때 위기의 순간이 있었다. 민간인 투자자가 수력발전 개발을 위해 국제경매에 붙였던 것이다. 한 시민이 귀들포스 보존 서명운동을 전개하여 귀들포스의 중요성을 알렸고 그 뜻을 받아들인 정부가 그 지역을 사들였다. 그후 1979년에 아이슬란드 정부는 이곳을 자연보호 구역으로 지정해 많은 사람들이 즐길 수 있도록 했다.

귀들포스는 산에서 흘러내린 빙하수가 절벽 아래로 곧장 떨어져서 '땅속으로 떨어지는 폭포'라고 불리기도 한다. 거세고 야생력이 돋보이는 귀들포스는 그 장대함으로 인해 세계 10대 폭포 가운데 하나로 손꼽힌다.

레이캬비크에서 남쪽으로 1시간 남짓, 지금은 아무도 살지 않는 버

간헐천 게이시르의 물기둥

황금 폭포, 귀들포스

천연 수영장 블루 라군

려진 땅 크리쉬비크로 향했다. 셀툰 지역은 크리쉬비크에서 화산활동이 가장 활발한 화산지대다. 현재 증기가 나오는 구멍과 진흙 웅덩이는 계속해서 바뀌고 있다고 한다. 아무도 예측할 수 없는 변화무쌍한 곳이다. 진흙 웅덩이들은 지난 1999년 땅속 깊은 데서 뜨거운 증기가 갑자기 폭발하면서 생겨났다. 부글부글 끓는 진흙 웅덩이의 모양이나 색깔 또한 다채로운 것이 셀툰 지형의 특징이다.

크리쉬비크에서 서쪽으로 용암지대를 따라가봤다. 불타는 듯, 연기 자욱한 검은 돌무더기 사이로 이끼와 잡초가 군데군데 눈에 띈다. 좀 더 안으로 들어가보면 극적이고 다채로운 자연 풍광을 만날 수 있는데, 용암 밭과 그 사이를 흐르는 온천수가 대장관을 이룬다.

커다란 용암들 사이로 난 길을 조금 걸어 들어가면, 천연 수영장인 블루 라군이 그 모습을 드러낸다. 물빛이 항상 우윳빛의 푸른색을 띠게 되는 것은 다양한 광물질이 포함돼 있기 때문이다. 부근의 지열발전소를 이용해 물의 온도는 항상 37℃에서 39℃ 사이를 유지한다고 한다. 추운 나라에서의 매력은 역시 따뜻한 온천을 즐길 수 있다는 데 있다. 몸의 상태가 날씨에 따라 들쭉날쭉한 사람들에게는 블루 라군에서의 경험이 특별할 것이다. 특히 이곳에서 채취되는 실리카 진흙은 피부 미용에도 좋다고 한다. 몸이 나른해지면서 피로가 싹 풀리는 색다른 기분을 만끽할 수 있는 곳이다.

지구상에서
가장 큰 만년설

레이캬네스 반도의 용암 밭을 지나 동남부의 빙하지대로 향했다. 바트나예퀴들(바트나빙하)은 극지방을 제외하고는 지구상에서 가장 큰 만년설 지역이다. 바트나예퀴들의 한 끝자락에는 17km²에 이르는 넓은 빙하호 이외퀼사우를론이 있다. 중심에서 쪼개져 나온 수십 개의 빙하 덩어리가 둥둥 떠내려가는 모습을 볼 수 있다. 이외퀼사우를론 빙하호는 모래가 쌓여 바다와 분리된 석호다. 만조 때 바닷물이 이곳으로 유입되기도 하는데, 일반 호수에 비해 플랑크톤이 풍부해 각종 물고기들이 서식한다. 물고기는 이 빙하호에 사는 새들의 좋은 먹잇감이 된다. 엄청난 굉음과 함께 갑작스레 빙하가 무너져내리

바트나예퀴들 빙하지대

는 바람에 순간 두려움을 느꼈지만, 흔히 볼 수 없는 장관이었다. 쪼개져 뒤집어진 빙하의 색깔은 투명할 정도로 새파랗다. 빙하의 속살을 들여다보는 재미가 있었다.

전 국토의 12%가 빙하지대인 아이슬란드는 최근 놀라운 속도로 빙산이 녹아내린다고 한다. 이렇게 녹아내린 빙하들은 하나의 띠를 이루어 바다로 흘러간다.

빙하를 더 가까이에서 보기 위해 수륙 양용 배에 올랐다. 비교적 쉽게 빙하에 접근할 수 있어 영화 〈배트맨〉과 〈007〉의 촬영 배경이 되기도 했다. 호수의 깊이는 100m에서 최고 200m까지 이른다. 아이슬란드에서 이곳보다 깊은 호수는 없다고 한다. 가까이에서 보는 빙하는 훨씬 커 보였다. 하지만 보이는 부분은 전체 크기의 10분의 1에 불과하다.

'이외퀼사우를론'이라는 호수의 긴 이름은 '휘황찬란하게 태양이 비

이외퀼사우를론 빙하호

치는 밝은 숲과 눈부신 햇살이 반짝이는 빙하수가 흐르는 석호'를 뜻한다. 이 빙하호가 만들어진 이야기가 흥미롭다. 약 1천 년 전 그곳에는 커다란 하얀 숲이 있었고 그것을 '브레이다머'라고 불렀다고 한다. '브레이다머 산' 위에 있던 '브레이다머 빙하'가 앞쪽을 덮치면서 모든 걸 삼켜버렸다. 결국 숲 대신에 햇볕 가득한 빙하수가 흐르는 강이 되고 또 호수를 만들었다.

브레이다머 산에서 떨어져나온 빙하들은 모양과 색깔이 저마다 다르고, 기이한 형태를 이루고 있다. 이것은 화산활동과 장기간에 걸친 빙하 침식작용의 결과다. 또 이러한 사실로 빙하의 나이를 알아볼 수 있는데 이곳의 빙하들은 약 천 년이 되었다고 한다. 천 년의 세월을 간직한 빙하 덩어리가 예사롭지 않아 보였다. 자연의 위대함에 가슴이 숙연해질 따름이었다.

21개 섬으로 이루어진 페로 제도는 스코틀랜드와 아이슬란드 사이에 위치한 세계에서 가장 깨끗하고 아름다운 섬나라이다. 하늘과 바람과 파도가 공존하는 그곳엔 고귀한 생명이 살아 숨쉬며 삶을 즐기는 사람들의 여유가 넘쳐난다. 북해의 진주, 페로 제도로 떠난다.

자연이 남긴 북해의 진주

페로 제도

_이병용

자치권이 있는 덴마크 왕궁령

페로 제도는 대서양 북부에 위치한 인구 4만 9천여 명의 작은 섬나라다. 덴마크령에 속하는 이곳은 18개의 크고 작은 섬들로 이뤄져 있다. 먼저 스트레이모이 섬에 있는 수도 토르스하운을 찾았다. 토르스하운의 중심가 한가운데 서 있는 조각상은 바다를 바라보고 있다. 고요한 항구와 색색의 건물이 어우러진 바다 풍경은 소박하면서도 아름다웠다.

페로 제도는 덴마크에 속하지만 엄연한 자치국가다. 1750년에 지어진 정부청사를 찾은 나는 생각보다 조촐한 규모에 놀랐다. 이곳은 페로 제도의 행정부 건물이고 외교부와 법무부 공무원이 사용하는 건물도 따로 있었다. 페로 제도는 1948년부터 발효된 자치법에 의해 독립국으로서의 지위를 유지하고

토르스하운 Tórshavn

스트레모이 섬에 위치한
페로 제도의 수도이자
항구도시
인구: 1만 9천 명
면적: 158km²

토르스하운 중심가의 조각상

있다. 언뜻 보기엔 간소하기 그지없는 자치정부지만, 이들의 자부심은 보이는 것이 다가 아니었다.

수도 토르스하운의 한적한 거리에 페로 제도의 의회 건물이 자리하고 있다. 쉽게 방문할 수 없을 거라는 예상과 달리, 사무국장은 선뜻 나를 의회 안으로 안내했다. 페로 제도 의회의 회의장에는 총 32명의 의원석이 있고 페로 제도 정부 구성원들과 덴마크 고등판무관이 앉는 자리도 있다. 페로 제도가 덴마크령이기 때문에 회의에 덴마크 관리들도 참석하는 것이다. 세계에서 세 손가락 안에 드는 작은 의회. 자신들만의 국기를 걸고, 자신들만의 언어로 국가의 중대사를 논하는 의회는 페로 제도의 자부심 그 자체다. 페로 의회의 기원은 바이킹이 페로 제

덴마크 왕의 방문 기념비

도로 들어왔던 서기 900년부터 유래하기 때문에 세계에서 가장 오랜 역사를 자랑한다.

의회를 나와 페로 제도의 상징을 볼 수 있는 언덕으로 향했다. 뾰족하게 솟아있는 돌탑이 보인다. 이것은 1874년 덴마크 왕의 방문을 기념해 세운 오벨리스크다. 그러나 이 기념비는 이 섬의 상징이 아니었다. 벤치에 앉은 후에야 비로소 이 작은 섬나라의 진짜 보물이 보였다. 바로 섬 전체를 덮은 잔디와 양이다. 페로 제도에는 인구 두 배에 달하는 양들이 산다고 한다. 언덕에서 내려다보았을 때, 섬이 온통 푸른 잔디로 보였던 데는 이유가 있었다. 나무로 지어진 가정집들의 지붕이 모두 잔디로 덮여 있었기 때문이다. 수시로 양들이 올라가 풀을 뜯기도

지붕에 잔디가 깔린 목조 주택들

한다니 놀라울 따름이다. 노르웨이 로엔 마을의 방갈로 지붕들이 떠올랐다. 지붕 위에 잔디를 키우면 유익한 점이 많다. 지붕을 얹을 때 맨 밑에는 방수 기능을 하는 자작나무 껍질을 깔고 그 위에 진흙과 잔디를 얹어 지붕을 고정시킨다. 잔디가 물을 흡수하여 여름철에는 집을 시원하게, 겨울철에는 따뜻하게 유지한다. 지붕에는 굴뚝 대신 창문 하나가 나 있다.

신기한 것은 이뿐만이 아니다. 옛날 가정집엔 방이 따로 없었다. 그 시절에는 난로가 없어서 벽난로를 두고 연기가 지붕 구멍을 통해 빠져나가도록 했는데 이렇게 불을 피워 연기가 나는 방을 스모크룸이라고 불렀다. 농가에서는 양을 키우며, 양털로 생필품을 만들어 생활한다.

옛날부터 이곳 사람들은 스모크룸에서 온가족이 함께 일했다고 한다.

탁자 위로 양 뼈 조각들이 보인다. 양은 이들의 놀이문화에도 영향을 끼쳤다. 왕의 게임이라고 불리는 놀이가 있었다는데, 양 뼈를 이용한다는 것만 다를 뿐 우리의 전래 놀이인 비석치기와 비슷해 보였다. 양의 방광으로 만든 풍선은 지금도 공놀이를 할 때 종종 사용한다고 한다.

보가르 섬의 황홀한 자연

양 목축이 전통 생계수단이라면, 어업은 페로 제도의 경제를 이끄는 주요 산업이라 할 수 있다. 실제로 전체 수출산업의 약 95%를 수산업이 차지한다. 항구에 가면 좌판에서 생선을 파는 어부를 쉽게 만날 수 있다. 대구와 가자미, 아귀 등 북대서양에서 잡아올린 신선한 생선들이 손님을 기다리고 있다.

어부는 오염되지 않은 바다에서 잡은 것이라 품질이 세계에서 제일 좋다고 입에 침이 마르도록 자랑을 늘어놓았다. 직접 만든 어묵도 볼 수 있었는데 95%의 생선살에 화학재료는 전혀 들어가지 않았다고 소개한다.

페로 제도에선 초겨울에 도축해 말린 양고기를 1년 내내 즐겨먹는데 조리하지 않은 채 그냥 먹기도 한다. 페로 사람 대부분이 좋아하는 양고기는 누린내가 강할 거란 예상과 달리, 짭짤하면서도 고소한 맛이

감돌았다. 육포의 식감과 비슷했다.

페로 제도에서 세 번째로 큰 섬 보가르 섬으로 이동했다. 페로 제도엔 신호등이 거의 없고 교통 체증도 없다. 해안을 따라 달리는 길에 보이는 거라곤 초록의 잔디 위에서 유유히 풀을 뜯는 양들과 사람의 손이 닿지 않은 순수한 자연뿐이었다. 안개가 걷히고 나니 북해가 품은 페로 제도의 비경이 눈앞에 펼쳐졌다.

보가르 섬의 황홀한 자연을 천천히 음미하기 위해 트레킹에 나섰다. 2시간의 트레킹 끝에 페로 제도에서 가장 큰 호수 쇠르보그스바튼을 만났다. 쇠르보그스바튼은 절벽 위에 떠 있는 호수로 유명하다. 호수의 물은 깎아지른 절벽을 넘어 약 30m 아래의 바다 북대서양으로 향한다. 파도가 만든 절벽, 바다를 향해 흐르는 거센 물줄기. 웅장한 자연 앞에 할 말을 잃었다.

쇠르보그스바튼 물이 바다로 흘러내려 생긴 폭포

한참을 호수 앞에 머물렀다. 바다로 떨어지는 폭포 소리와 절벽에 부딪히는 파도소리를 들으며 자연의 신비가 빚어내는 화음을 가슴 가득 담고 싶었다. 호수를 떠나는 길에 유람선을 얻어 탔다. 다시 걸어 돌아갈 생각에 막막했는데 운이 좋았다. 배 안에서 나는 페로 제도의 특별한 전통음식을 소개받았다. 바로 고래고기다. 고래고기는 양고기만큼이나 이곳에서 사랑받는 전통음식이라고 한다. 식감은 쫀득쫀득했다.

페로 제도 어업의 역사를 더 알고 싶어서 박물관을 찾았다. 100년이 지난 낚싯 배에서 노끈, 고래 뼈까지 다양한 볼거리가 있었다. 나무로 만든 낚싯배는 북대서양의 모진 파도에 맞서기엔 좀 부실해 보였다. 페로 제도의 어부들은 작은 배에서 단순한 도구를 이용해 고래를 잡았다고 한다. 고래잡이는 페로의 전통으로 1500년 전부터 고래를 잡았다는 자료가 남아 있다.

사람을 경계하지 않는 새

페로 제도에선 차로 갈 수 없는 섬은 여객선이나 헬리콥터를 타고 왕래한다. 다른 섬을 가기 위해 페로 공항을 찾았다. 페로 제도의 기후는 1년의 절반 이상 비가 내리는 날씨다. 햇살 좋은 날을 만나는 게 행운이라는데 하늘이 정말 맑았다.

구름이 내려앉은 고즈넉한 풍경을 감상하며 뮈키네스 섬으로 향했다. 20여 가구가 옹기종기 모여 사는 조용한 섬마을로 여행자들에게 최고의 명소로 손꼽힌다. 깎아지른 절벽과 하늘 위를 수놓는 새들 때문이다. 하늘과 바다와 땅이 모두 새들의 터전이다. 바다의 새는 갈매기밖에 몰랐던 나는 페로 제도의 상징인 '퍼핀'이라는 새를 이곳에서 처음 보았다. 다른 여행자들도 마찬가지였는지, 연신 카메라 셔터를 눌러댔다. 오리처럼 크고 화려한 부리를 가진 퍼핀은 다른 곳으로 이동하지 않고, 주로 해안 절벽에서 서식하는 새라고 한다. 새들은 사람을

뮈키네스 섬의 깎아지른 절벽

페로 제도의 상징인 '퍼핀'

전혀 경계하지 않았다. 예전엔 퍼핀을 사냥했지만, 최근 개체수 보호를 위해 사냥을 금지했다고 한다. 그 덕에 새들도 늘어나고 마을을 찾는 관광객들도 증가했다.

다른 여행자들과 함께 섬을 둘러보기로 했다. 관광 코스는 따로 없다. 그냥 섬 어느 곳이든 자리를 잡고 앉아 넋놓고 바라보는 것이 전부다. 가만히 바닷바람을 느끼고 있으면, 어느새 시간의 흐름을 잊게 된다. 섬을 품에 안은 바다가 왠지 따뜻하게 느껴졌다.

추억 속 기생충 수집자

수도 토르스하운으로 돌아가 여객선에 올랐다. 토르스하운에서 배로 15분 거리에 자리한 놀소이 섬을 방문하기 위해서다. 약 50여 가구가 살고 있는 놀소이는 유난히 모진 바람과 짙은 안개로 유명하다. 마을에 들어서자마자 범상치 않은 기운이 느껴졌

영광의 문

다. 1970년대 덴마크 여왕의 방문을 기념해 세워진 영광의 문이 보이는데, 문이라고 하기엔 모양이 좀 독특했다. 알고 보니 문은 고래의 턱뼈로 만들어졌다. 영광의 문은 놀소이의 상징으로 통하는 문이다.

문과 더불어 놀소이의 상징으로 통하는 '사람'도 있다는 말을 듣고 무턱대고 근처 카페로 들어가 물어보았다.

하얀 수염에 주름진 얼굴, 그의 첫 인상은 그저 푸근한 아저씨였다. 헤아리기 힘들 만큼 많은 새들이 눈앞에 보여서 입을 다물 수가 없었다. 원래 요리사가 직업인 그는 예전엔 새를 잡아 음식을 만들었다고 한다. 이제 죽은 새를 박제하는 박제 전문가로 활동하고 있다. 처음에는 어떤 사람들이 자신의 죽은 새를 박제해달라고 가져오면 박제를 해주곤 했는데 이젠 그 일이 제2의 직업이 된 셈이다. 그는 페로 제도의

박제된 새들

모든 새들을 박제해 박물관을 만드는 것이 목표다. 시간이 흐를수록 사라지는 새들을 기억하기 위해서란다.

그가 독특한 사람으로 통하는 이유는 박제 때문만이 아니다. 추억 속 기생충인 '이'를 수집하기 때문이다. 새를 박제하며 처음으로 이를 발견했던 그는 지금까지 무려 240여 종의 이를 모았단다. 한국에서 온 이를 수집해보려고 내 머리를 뒤적거렸다. 유별난 취미 덕에 그는 페로 제도의 유명인사가 되었다.

마을 골목에서 바쁘게 뛰어가는 사람들을 발견했다. 처음엔 마라톤 경기가 열린 줄 알았다. 알고 보니 이들이 하는 것은 오리엔티어링이었다. 지도와 나침반만 가지고 여러 지점을 통과해 목적지를 찾아가는 경기다. 제한 시간 안에 도착하지 못하면 탈락이다. 짙은 안개를 헤치고 길을 찾는다는 게 쉽지 않아 보였다.

사실 오리엔티어링은 숲에서 열리는 경기지만, 자연 경관이 빼어난 페로 제도는 경기 장소로 인기가 좋다. 오리엔티어링을 하러 온 방문객들에게 색다른 경험을 선사하기 때문이다.

신비로운 동굴음악회

18개의 섬 중 17곳에 사람이 사는 페로 제도에선 해안가 어디에서나 마을을 만날 수 있다. 나는 마을에서 가장 큰 건물을 찾았다. 때마침 전통춤 강좌가 열리고 있었다. 동작이 꽤 단순해 보였다. 누구나 쉽게 따라할 수 있다기에 한 번 참여해보기로 했다.

전통춤과 노래에는 남다른 의미가 숨어 있다. 오랜 시간 문자가 없었던 페로 제도에선 쉬운 멜로디로 역사를 노래했고, 함께 모여 춤을 추었다. 이렇게 춤을 추며 자신들만의 방법으로 역사를 지켜왔던 것이다. 댄스 강사에 따르면 페로 전통춤은 아주 오래전에 시작되었는데 유럽의 다른 나라와 멀리 떨어져 있어 500여 년 동안 잘 보존되어왔다고 한다. 그러면서 자랑스럽게 전통의상을 소개했다.

이들의 춤에 역사가 담겨 있다면, 옷은 페로 제도 사람들의 신념을 나타낸다. 도심에 자리한 전통 의상실에서 자세한 이야기를 들어보았다. 한복과 마찬가지로 이곳의 전통의상도 현대적인 디자인으로 변하고 색깔도 다양해지고 있다. 페로 제도의 전통복장은 붉은색 천 위에

노래를 부르며 스텝을 옮기는 전통춤

붉은색 천 위에 꽃무늬 자수를 놓은 전통복장

꽃무늬 자수를 놓는 것이 원칙이다. 의상실 직원이 현대 감각에 맞춘 실험적인 의상을 소개한다. 스웨터가 붉은색이 아닌 보라색이고 앞치마도 보라색이다. 치마엔 13개의 주름이 있는데 예수님과 12제자를 상징하고, 남자 재킷의 7개 단추는 행운을 상징한다. 모든 전통의상은 종교적인 영감을 받아서 제작되었다. 페로 전통의상은 명절, 졸업식, 결혼식 등 특별한 행사에 입는다.

여행의 마지막 날, 잊을 수 없는 추억을 만들 수 있다는 말에 유람선 노르딕 호에 올랐다. 노르딕 호는 수십 년 전 북대서양을 항해하던 페로의 전통 배다. 외형은 개조했지만 배를 움직이는 키는 전통 그대로였다. 유람선은 유유히 섬을 벗어나 바다로 향했다. 모처럼 화창한 날씨에 잔잔한 물결 때문인지 마음이 고요해지는 듯했다.

40분 후 배는 무인도의 절벽 앞에 멈춰 섰다. 선장은 나와 관광객들을 작은 모터보트로 안내했다. 대체 어디로 가는 걸까? 다들 기대에 찬 모습이었다. 보트는 섬을 한 바퀴 돌아 절벽 사이로 향했다. 놀랍게도 그곳에 동굴이 있었다. 유람선 관광의 마지막 코스는 바로 해식 동굴이었다.

배에서 내린 사람들은 여기서 열리는 동굴음악회를 감상하기 위해 캄캄한 동굴의 벽을 타고 올라가 자리를 잡았다. 밖에서 볼 때는 아주 작은 구멍처럼 느껴졌는데, 동굴 안은 거의 축구장만큼 넓고 높았다. 시간이 멈춘 것 같았다. 동굴의 벽을 타고 울리는 악기의 선율과 밀려오는 파도소리, 모든 것이 신비로웠다.

넓은 하늘과 하늘을 흐르는 구름, 거친 바다와 시시각각 다른 빛을 뿜어내는 자연 그대로의 섬들을 거느린 북해의 보석 페로 제도를 오래도록 잊지 못할 것이다.